21 世纪高等院校化工类专业实验规划教材

四川省特色专业实践教材

化工自动化实验及 MATLAB 仿真教程

谭 超 主 编

张开仕 副主编

西南交通大学出版社

·成 都·

内容简介

本书为四川省应用化学特色专业"化工仪表及自动化"课程的配套实验教材，共四章，包括实验系统软硬件认识、MATLAB/Simulink 过程控制仿真基础、9 个化工过程控制综合实验、7 个基于 MATLAB/Simulink 的过程控制仿真实验和 1 个软测量仿真实验。本书既可满足化工仪表及自动化实验的基本要求，同时也可满足开展综合实验、创新实验、课程设计、毕业设计及进行学生科技创新活动等方面的需要。

本书可以作为应用化学、化学工程与工艺、生物工程、制药工程、环境工程等专业的实验课教材，也可供从事相关工作的技术人员参考。

图书在版编目（C I P）数据

化工自动化实验及 MATLAB 仿真教程 / 谭超主编. — 成都: 西南交通大学出版社，2010.6

21 世纪高等院校化工类专业实验规划教材

ISBN 978-7-5643-0710-3

Ⅰ. ①化… Ⅱ. ①谭… Ⅲ. ①化工过程－自动控制系统－计算机仿真－软件包，MATLAB－高等学校－教材

Ⅳ. ①TQ056-39

中国版本图书馆 CIP 数据核字（2010）第 118916 号

21 世纪高等院校化工类专业实验规划教材

化工自动化实验及 MATLAB 仿真教程

谭 超 主编

*

责任编辑 牛 君

封面设计 本格设计

西南交通大学出版社出版发行

(成都二环路北一段 111 号 邮政编码: 610031 发行部电话: 028-87600564)

http://press.swjtu.edu.cn

成都蓉军广告印务有限责任公司印刷

*

成品尺寸: 185 mm×260 mm 印张: 8

字数: 197 千字

2010 年 6 月第 1 版 2010 年 6 月第 1 次印刷

ISBN 978-7-5643-0710-3

定价: 17.00 元

前　言

　　伴随着科学技术的迅猛发展，自动化技术已成为当代举世瞩目的高新技术之一。由于生产过程日益连续化、大型化、复杂化，广大化工技术人员需要学习和掌握必要的检测仪表和自动化方面的知识，这既是现代工业生产实现高效、优质、安全、低耗的基本要求和重要保证，也是设计和开发现代化生产过程所必须具备的知识。在化工行业，生产工艺、设备、控制与管理已逐渐成为一个有机的整体。为此，各高校的化工（及其他轻工）类专业纷纷开设了化工仪表及自动化方面的专业课程。然而，化工仪表及自动化作为化工类专业必修的一门技术基础课，也是一门综合应用电子技术、控制原理、控制工程、仪器仪表和计算机技术等的交叉学科，学生普遍感到难度较大、不易理解，学习效果不好。因此，结合理论课教学实践和现代化工企业对人才的需求，并追踪化工自动化发展方向，我们建立了基于浙大中控 CS4000 的检测仪表与过程控制实验室，它既能开展过程控制的验证性实验和设计性实验，也可开展控制算法研究实验，为培养学生的动手能力和创新精神提供一个良好的平台。在 5 年的教学实践和学生毕业设计应用中，该实验系统在提高教学质量，激发学生的实验热情，培养学生的实践能力、创新意识和综合素质等方面发挥了重要作用。为此，在总结多年教学经验的基础上，编写了本教材。

　　化工自动化属于过程控制的范畴，过程控制系统的实施是一项投资巨大的系统工程，为减小实验投入和缩短工程进度，计算机仿真就十分必要，它是架起过程控制理论与实践之间的重要桥梁。为此，我们编写了 7 个基于 MATLAB/Simulink 的过程控制仿真实验及 1 个软测量仿真实验，希望进一步培养学生分析问题和解决问题的能力，并为研究性实验的设计提供参考，也能更好地满足各学校由于实验条件差异而出现的不同需求。

　　在本书的编写过程中，得到了任根宽、朱登磊、尚书勇、张燕、李惟一等同事的帮助和宝贵意见，也参阅了前辈们的书籍文献，还得到了四川省应用化学特色专业建设经费的资助，在此一并致谢！

　　由于时间仓促、编者水平和经验有限，书中疏漏之处在所难免，敬请读者批评指正。

编　者

2010 年 3 月

目　录

目　录

第一章　实验系统软硬件认识

一、DCS 硬件配置

本实验系统由浙大中控制造，包括 DCS 控制站、CS4000 型过程控制实验装置、西门子 PLC s7-200、PC 机等。DCS 工程师站配置 1 张网卡，IP 地址为 128．128．1．130，操作员站配置 1 张网卡，IP 地址为 128．128．2．130。

二、DCS 控制站工业标准机柜的组成

1. 电源部分

控制柜上方为系统供电电源部分（5 V、24 V）。

2. DCS 控制站卡件（JX-300X）（表 1.1）

表 1.1　控制站卡件一览

序号	卡　件	功能说明
1	SP243X	主控制卡
2	SP243X	主控制卡（冗余）
3	SP233	数据转发卡
4	SP233	数据转发卡（冗余）
0	SP314	4 路电压信号输入卡
1	SP314	4 路电压信号输入卡
2	SP314	4 路电压信号输入卡
3	SP314	4 路电压信号输入卡
4	SP314	4 路电压信号输入卡
5	SP322	4 路模拟量输出卡
6	SP322	4 路模拟量输出卡
7	SP000	空卡件
8	SP363	8 路触点型开入卡
9	SP364	8 路继电器开出卡
10	SP000	空卡件
⋮	⋮	⋮

三、系统软件配置

本 DCS 控制系统的软件体系结构如图 1.1 所示。

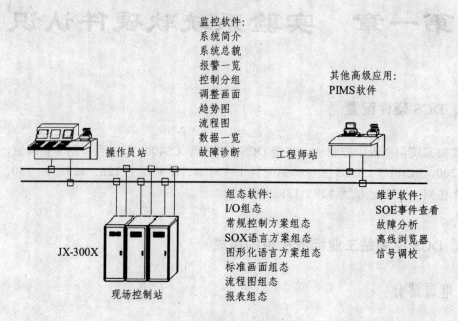

图 1.1　软件体系结构

（1）采用 SCKey.exe 组态软件对 DCS 硬件和软件组态。组态完成后需下载到控制站中，选择对应的控制站，如图 1.2 所示，表示对 128.128.1.4 控制站的组态。

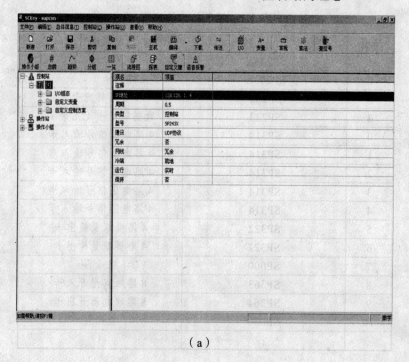

（a）

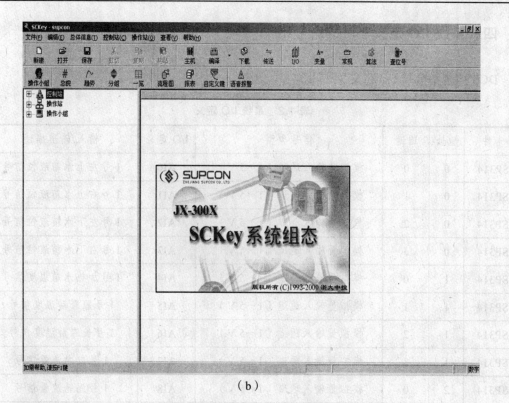

（b）

图 1.2　SCKey.exe 组态软件

（2）采用 AdvanTrol.exe 监控软件实验，实验运行界面如图 1.3 所示。

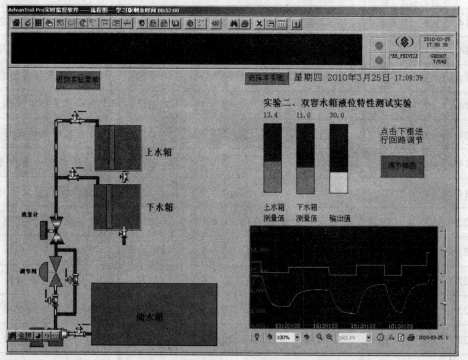

图 1.3　AdvanTrol.exe 监控软件

四、系统 I/O 定义

DCS 控制站信号 I/O 定义见表 1.2。

表 1.2　系统 I/O 定义

卡件	地址	通道	信号类型	I/O 定义	输入/输出描述
SP314	0	0	模拟量输入通道（1～5 V）	AI0	1 号左上水箱液位信号
SP314	0	1	模拟量输入通道（1～5 V）	AI1	1 号右上水箱液位信号
SP314	0	2	模拟量输入通道（1～5 V）	AI2	1 号左下水箱液位信号
SP314	0	3	模拟量输入通道（1～5 V）	AI3	1 号右下水箱液位信号
SP314	1	0	模拟量输入通道（1～5 V）	AI4	1 号加热水箱温度信号
SP314	1	1	模拟量输入通道（1～5 V）	AI5	1 号短滞后温度信号
SP314	1	2	模拟量输入通道（1～5 V）	AI6	1 号长滞后温度信号
SP314	1	3	模拟量输入通道（1～5 V）	AI7	1 号电磁流量信号
SP314	2	0	模拟量输入通道（1～5 V）	AI8	1 号涡轮流量信号
SP314	2	1	模拟量输入通道（1～5 V）	AI9	2 号左上水箱液位信号
SP314	2	2	模拟量输入通道（1～5 V）	AI10	2 号右上水箱液位信号
SP314	2	3	模拟量输入通道（1～5 V）	AI11	2 号左下水箱液位信号
SP314	3	0	模拟量输入通道（1～5 V）	AI12	2 号右下水箱液位信号
SP314	3	1	模拟量输入通道（1～5 V）	AI13	2 号加热水箱温度信号
SP314	3	2	模拟量输入通道（1～5 V）	AI14	2 号短滞后温度信号
SP314	3	3	模拟量输入通道（1～5 V）	AI15	2 号长滞后温度信号
SP314	4	0	模拟量输入通道（1～5 V）	AI16	2 号电磁流量信号
SP314	4	1	模拟量输入通道（1～5 V）	AI17	2 号涡轮流量信号
SP322	5	0	模拟量输出通道（4～20 mA）	AO0	1 号电动调节阀控制信号
SP322	5	1	模拟量输出通道（4～20 mA）	AO1	1 号变频器控制信号
SP322	5	2	模拟量输出通道（4～20 mA）	AO2	1 号单相可控硅信号
SP322	6	0	模拟量输出通道（4～20 mA）	AO3	2 号电动调节阀控制信号
SP322	6	1	模拟量输出通道（4～20 mA）	AO4	2 号变频器控制信号
SP322	6	2	模拟量输出通道（4～20 mA）	AO5	2 号单相可控硅信号

五、CS4000 型过程控制实验装置

1. 概 述

CS4000 型过程控制实验装置是中控科教公司根据化工类专业的教学特点和学生培养目标，结合国内外最新科技动态而推出的集智能仪表技术、计算机技术、通讯技术、自动控制技术为一体的普及型多功能实验装置，能针对温度、压力、流量、液位等参数应用多种控制方案，同时让学生熟悉主流的工业控制产品，并具备一定操作、选型、设计能力，为学生就业时迅速进入角色打下基础。

CS4000 型过程控制实验装置的检测信号、控制信号及被控信号均采用 ICE 标准，即电压 $1\sim5$ V，电流 $4\sim20$ mA。实验系统采用单相 220 V 交流电供申。

整个系统由对象系统和控制系统两部分组成，如表 1.3 所示。

表 1.3　CS4000 型过程控制实验装置硬件配置

CS4000 过程控制 实验装置	对象系统	实验对象	双（主-副）管路流量系统
			四水箱液位系统
			加热水箱-纯滞后水箱温度系统
		检测机构	扩散硅式压力液位传感器
			涡轮流量计
			电磁流量计
			Pt100 热电阻温度传感器
		执行机构	可控硅移相调压装置
			电动调节阀
			变频器
		辅助系统	漏电保护器
			防干烧系统
			防高温系统
	控制系统	智能数字仪表控制系统	
		DDC 计算机直接控制系统	
		PLC 可编程控制器控制系统	

2. 对象系统

图 1.4 所示是 CS4000 型过程控制实验装置对象系统，主要包括三大部分：双管路流量系统、四水箱液位系统、加热水箱-纯滞后水箱温度系统。

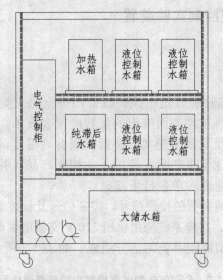

图 1.4 CS4000 对象系统

（1）双管路流量系统。

如图 1.5 所示，包括两个独立的水路动力系统，一路由磁力驱动循环泵、电动调节阀、电磁流量计、自锁紧不锈钢水管及手动切换阀组成（主管路）；另一路由磁力驱动循环泵、变频调速器、涡轮流量计、自锁紧不锈钢水管及手动切换阀组成（副管路）。可开展单回路流量控制、流量比值控制等实验。另外，系统中还有一个不锈钢储水箱。

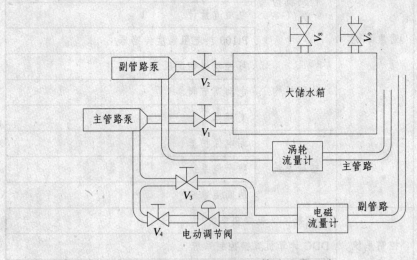

图 1.5 CS4000 双管路流量系统

（2）四水箱液位系统。

如图 1.6 所示，包括四个有机玻璃水箱，每个水箱配有液位变送器，通过阀门切换，主副管路的水流均可到达任何一个水箱。可以完成多种方式下的液位、流量及其组合实验，如单容、双容（一阶、二阶）液位对象特性测试、单回路液位控制、不同干扰方式下液位控制、不同水箱液位串级控制、前馈-反馈控制、解耦控制实验。

（3）加热水箱-纯滞后水箱温度系统。

如图 1.6 所示，包括一个加热水箱和一个温度纯滞后水箱，加热水箱及纯滞后水箱不同位置装有 Pt100 热电阻温度传感器，由可控硅控制电加热管提供可调热源。可以完成多种温度实验，如温度对象特性测试（包括纯滞后特性）、不同水流状态温度单回路 PID 控制实验等。

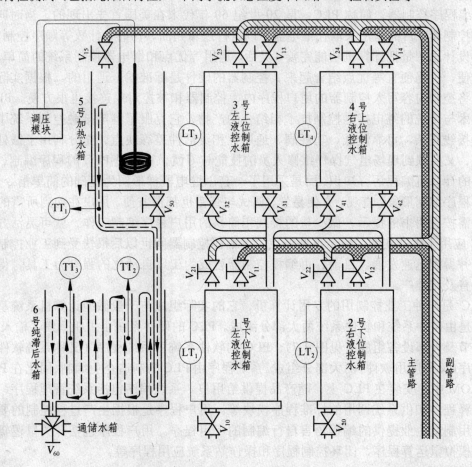

图 1.6　CS4000 四水箱液位系统和加热水箱-纯滞后水箱温度系统

CS4000 型系统主要特点：

（1）被控参数包括了流量、压力、液位、温度四大热工参数。

（2）执行器中既有电动调节阀、单相移相调压等仪表类执行机构，又有变频器等电力拖动类执行器，提供了如旁路阀等可加干扰的装置。

（3）一个被控参数可在不同动力源、不同的执行器、不同的工艺线路下演变成多种控制回路，以便于讨论、比较各种控制方案的优劣。

（4）各种控制算法和 PID 规律在开放的组态实验软件平台上实现。

（5）实验数据及图表可以永久存储，在组态软件（如 MCGS）中也可随时调用。

（6）含有大量的检测和执行装置：如扩散硅压力液位传感器、电磁流量计、涡轮流量计、Pt100 热电阻温度传感器等检测装置；采用单相可控硅移相调压装置来调节单相电加热管的工作电压，采用电动调节阀调节管道出水量，采用变频器调节小流量泵。

3. 控 制 系 统

CS4000 型过程控制实验装置控制系统包括三部分：智能数字仪表控制系统、DDC 计算机直接控制系统、PLC 可编程控制器控制系统，在此仅考虑 PLC 系统。

可编程序控制器，简称 PLC，是 20 世纪 60 年代末在美国首先出现的，当时叫可编程逻辑控制器，目的是用来取代继电器，以执行逻辑判断、计时、计数等顺序控制功能。其基本设计思想是把计算机功能完善、灵活、通用等优点和继电器控制系统的简单易懂、操作方便、价格便宜等优点结合起来，控制器的硬件是标准的、通用的。根据实际应用对象，将控制内容写入控制器的用户程序内，控制器和被控对象连接也很方便。PLC 是微机技术与传统的继电接触控制技术相结合的产物，它克服了继电接触控制系统中机械触点的接线复杂、可靠性低、功耗高、通用性和灵活性差等缺点，充分利用了微处理器的优点，又照顾到现场电气操作维修人员的技能与习惯，特别是 PLC 的程序编制，不需要专门的计算机编程语言知识，而是采用了一套以继电器梯形图为基础的简单指令形式，使用户程序编制形象、直观、方便易学；调试与查错也都很方便。用户在购到所需的 PLC 后，只需按说明书的提示，做少量的接线和简易的用户程序编制工作，就可灵活方便地将 PLC 应用于生产实践。由于这些特点，可编程控制器问世以后很快受到工业控制界的欢迎，并得到迅速发展。目前，可编程控制器已成为工厂自动化的强有力工具，得到了广泛的普及和推广。

PLC 是一种工业控制用的专用计算机，它的实际组成与一般微型计算机系统基本相同，也是由硬件系统和软件系统两大部分组成。PLC 的硬件系统由主机系统、输入/输出扩展环节及外部设备组成（见图 1.7）；PLC 的软件系统由系统程序（又称系统软件）和用户程序(又称应用软件)两大部分组成。系统程序由 PLC 的制造企业编制，固化在 PROM 或 EPROM 中，安装在 PLC 上，随产品提供给用户。系统程序包括系统管理程序、用户指令解释程序和供系统调用的标准程序模块等。用户程序是根据生产过程控制的要求由用户使用制造企业提供的编程语言自行编制的应用程序。用户程序包括开关量逻辑控制程序、模拟量运算程序、闭环控制程序和操作站系统应用程序等。

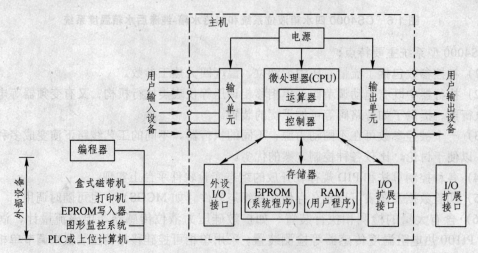

图 1.7　PLC 硬件结构

　　PLC 是采用周期循环扫描的工作方式，CPU 连续执行用户程序和任务的循环序列称为扫描。CPU 对用户程序的执行过程是 CPU 的循环扫描，并用周期性地集中采样、集中输出方式来完成的。一个扫描周期（工作周期）主要分为以下几个阶段：输入采样扫描阶段、执行用户程序扫描阶段、输出刷新扫描阶段。

　　本系统配置 SIMATIC S7-200PLC 和 EM235 模拟量扩展模块，S7-200PLCCPU 的外形结构见图 1.8，它适用于各行业中的参数检测、监测及控制的自动化，S7-200 系列 PLC 具有极高的性能/价格比，既能独立运行，又可相连成网络实现复杂控制功能。EM235 模拟量扩展模块具有与基本单元相同的设计特点，固定方式与 CPU 相同，可接 4 路模拟量输入和 1 路模拟量输出。在上位机上用 STEP 7-Micro/WIN 32 V3.2 编程软件编写应用程序（图 1.9），然后通过通信口下载到 PLC（图 1.10），上位机采用 MCGS 组态软件编写监视程序。

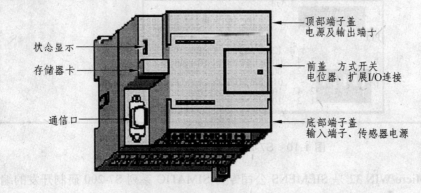

图 1.8　SIMATIC S7-200PLC

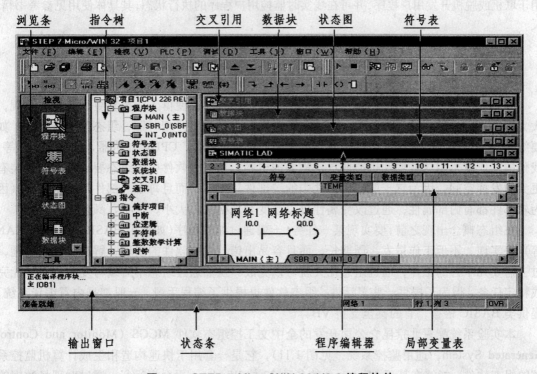

图 1.9　STEP 7-Micro/WIN 32 V3.2 编程软件

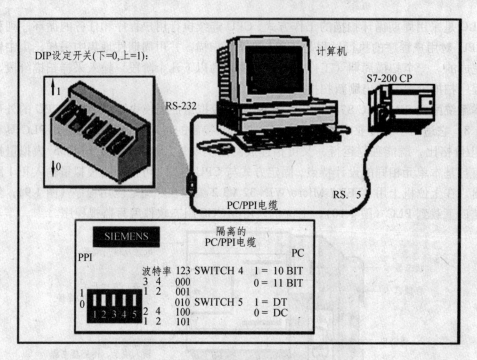

图 1.10   S7-200PLC 与上位机的连接

STEP7-Micro/WIN 32 是 SIEMENS 公司专为 SIMATIC 系列 S7-200 研制开发的编程软件,它是基于 Windows 平台的应用软件。STEP7-Micro/WIN 32 可以使用个人计算机作为图形编辑器,用于联机或脱机开发用户程序,并可在线实时监控用户程序的执行状态,其具体使用见参考书籍。

六、组态软件（MCGS）

在当今的工业控制中广泛采用人机界面（HMI）软件,使得工业控制更加快捷、直观,大大提高了工业控制的工作效率。什么是组态呢? 与硬件生产相对照,组态与组装类似。如要组装一台电脑,事先提供了各种型号的主板、机箱、电源、CPU、显示器、硬盘、光驱等,我们的工作就是用这些部件拼凑成自己需要的电脑。当然, 软件中的组态要比硬件的组装有更大的发挥空间,因为它一般要比硬件中的"部件"更多,而且每个"部件"都很灵活（因为软部件都有内部属性,通过改变属性可以改变其规格,如大小、性状、颜色等）。

在组态概念出现之前,要实现某一任务,一般通过编写程序（如使用 BASIC, C, FORTRAN 等）来实现,不但工作量大、周期长,而且容易出错。组态软件的出现,解决了这个问题,过去需要几个月的工作,通过组态几天就可以完成。虽然通过组态不需编写复杂程序就能完成特定任务,但为了提供一些灵活性,组态软件也提供了编程手段,一般都是内置编译系统,提供类 BASIC 语言, 有的甚至支持 VB。

本实验系统配置北京昆仑公司开发的全中文工控组态软件 MCGS（Monitor and Control Generated System, 通用监控系统, 见图 1.11）,它是一套用于快速构造和生成计算机监控系统的组态软件,能够在基于 Microsoft 的各种 32 位 Windows 平台上运行,通过对现场数据的采集处理，以动画显示、报警处理、流程控制和报表输出等多种方式向用户提供解决实际工程问题的方案，在自动化领域有着广泛的应用。

图 1.11 MCGS 组态软件安装画面

MCGS 系统包括组态环境和运行环境两部分。

（1）用户的所有组态配置过程都在组态环境中进行，组态环境相当于一套完整的工具软件，它帮助用户设计和构造自己的应用系统。用户组态生成的结果是一个数据库文件，称为组态结果数据库。

（2）运行环境是一个独立的运行系统，它按照组态结果数据库中用户指定的方式进行各种处理，完成用户组态设计目标的功能。运行环境本身没有任何意义，必须与组态结果数据库一起作为一个整体，才能构成用户应用系统。一旦组态工作完成，运行环境和组态结果数据库就可以离开组态环境而独立运行在监控计算机上。

由 MCGS 生成的用户应用系统，其结构由主控窗口、设备窗口、用户窗口、实时数据库和运行策略五大部分构成（图 1.12、图 1.13）：

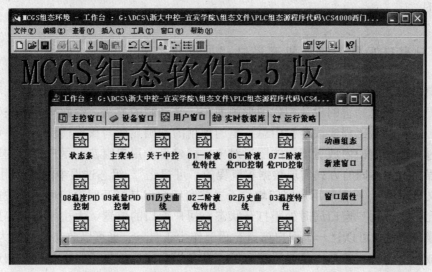

图 1.12 MCGS 组态软件

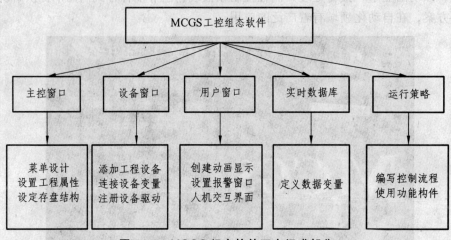

图 1.13　MCGS 组态软件五大组成部分

1. 主控窗口构造了应用系统的主框架

主控窗口确定了工业控制中工程作业的总体轮廓，以及运行流程、菜单命令、特性参数和启动特性等项内容，是应用系统的主框架。

2. 设备窗口是 MCGS 系统与外部设备联系的媒介

设备窗口用来放置不同类型和功能的设备构件，实现对外部设备的操作和控制。设备窗口通过设备构件把外部设备的数据采集进来，送入实时数据库，或把实时数据库中的数据输出到外部设备。一个应用系统只有一个设备窗口，运行时，系统自动打开设备窗口，管理和调度所有设备构件正常工作，并在后台独立运行。对用户来说，设备窗口是不可见的。

3. 用户窗口实现了数据和流程的"可视化"

用户窗口中可放置三种不同类型的图形对象：图元、图符和动画构件。图元和图符对象为用户提供了一套完善的设计制作图形画面和定义动画的方法。动画构件对应于不同的动画功能，它们是从工程实践经验中总结出的常用的动画显示与操作模块，用户可以直接使用。通过在用户窗口内放置不同的图形对象，搭建多个用户窗口，用户可以构造各种复杂的图形界面，用不同的方式实现数据和流程的"可视化"。组态过程中的多个用户窗口，最多可定义 512 个。所有的用户窗口均位于主控窗口内，其打开时窗口可见，关闭时窗口不可见。允许多个用户窗口同时处于打开状态。用户窗口的位置、大小和边界等属性可以随意改变或设置，如可以让一个用户窗口在顶部作为工具条，也可以放在底部作为状态条，还可使其成为一个普通的最大化显示窗口等。多个用户窗口的灵活组态配置，构成了丰富多彩的图形界面。

4. 实时数据库是 MCGS 系统的核心

实时数据库相当于一个数据处理中心，同时也起到公用数据交换区的作用。MCGS 用实时数据库来管理所有实时数据。从外部设备采集来的实时数据送入实时数据库，系统其他部分操作的数据也来自于实时数据库。实时数据库自动完成对实时数据的报警处理和存盘处理，同时还根据需要把有关信息以事件的方式发送给系统的其他部分，以便触发相关事件，进行实时处理。因此，实时数据库所存储的单元，除了单变量数值，还包括变量的特征参数（属性）及对该变量的操作方法（报警属性、报警处理和存盘处理等）。这种将数值、属性、方法封装在一起的数据称为数据对象。实时数据库采用面向对象的技术，为其他部分提供服务，提供了系统各个功能部件的数据共享。

5. 运行策略是对系统运行流程实现有效控制的手段

运行策略本身是系统提供的一个框架，里面放置有策略条件构件和策略构件组成的"策略行"，通过对运行策略的定义，使系统能够按照设定的顺序和条件操作实时数据库、控制用户窗口的打开、关闭并确定设备构件的工作状态等，从而实现对外部设备工作过程的精确控制。一个应用系统有三个固定的运行策略：启动策略、循环策略和退出策略，同时允许用户创建或定义最多 512 个用户策略。启动策略在应用系统开始运行时调用，退出策略在应用系统退出运行时调用，循环策略由系统在运行过程中定时循环调用，用户策略供系统中的其他部件调用。

综上所述，一个应用系统由主控窗口、设备窗口、用户窗口、实时数据库和运行策略五个部分组成。组建新工程的一般过程见图 1.14。组态工作开始时，系统只为用户搭建了一个能够独立运行的空框架，提供了丰富的动画部件与功能部件。如果要完成一个实际的应用系统，应主要完成以下工作：首先，要像搭积木一样，在组态环境中用系统提供的或用户扩展的构件构造应用系统，配置各种参数，形成一个有丰富功能、可实际应用的工程；然后把组态环境中的组态结果提交给运行环境，就构成了用户自己的应用系统。

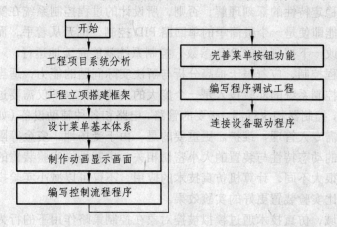

图 1.14 组建新工程的一般过程

第二章　MATLAB/Simulink 过程控制仿真基础

一、过程控制系统仿真的必要性

过程控制主要讲述流程型工业的控制问题，它是在基本控制理论的基础上，将控制理论知识和工程应用结合起来，把理论应用于实践。现代流程工业越来越多地采用以 DCS 为代表的计算机控制系统。硬件的发展促进了对过程控制技术的需求，但过程控制系统最终需要工艺技术人员来掌握操作。由于这些系统涉及一系列理论与实践问题，大多数工艺人员难以理解，因而最终影响使用效果。过程控制涉及复杂的控制理论和数学问题，较抽象难懂，熟悉工艺的人由于缺乏必要的数学基础和控制理论基础，在学习和理解上更感困难，因此，利用计算机仿真技术，将复杂的过程控制系统从"抽象"化为"形象"，将复杂数学公式化为曲线、图表，从而易于理解掌握，这种仿真技术不仅重要，也十分必要。

过程控制是一门应用性、实践性很强的学科。实验是这一学科的一个重要环节，许多重要的概念和方法必须通过实验才能更好掌握。进行过程控制系统仿真实验不仅可以加深对过程控制的理解和认识，而且为以后在自动化仪表和过程控制系统上进行实验打下基础，还可以通过仿真研究各种控制系统和复杂控制算法。

过程控制系统的实施是一项复杂的系统过程，不仅需要掌握控制理论的精髓，还需要对工业过程的动态及稳定特性的深刻理解；否则，所设计的过程控制系统在实际工业现场可能会表现很糟，有可能即使是一个最简单的单回路 PID 控制，也无从着手，而事实上或许只需要根据过程特性修改一下控制器的 PID 参数，控制系统就能完美地运行。

因此，学好过程控制，应着眼于提高分析与解决实际问题的能力，适当的实验手段是十分必要的。但过程控制系统的实验投入是一个庞大的系统工程，不仅需要过程装置，而且还需要测量变送设备、控制器和执行器、必要的管路、电路和各种辅助设备（如流体输送设备），不仅投入巨大，且需专人管理、维护。更重要的是，由于受场地、资金等限制，实验装置只能迷你化，但过程的动态特性与装置的大小密切相关，也就是说实验装置的控制与工业现场装置的控制，仍有很大不同。计算机仿真技术的应用，不仅可以减小实验投入，降低实验成本，而且可以获得比实验装置更好的实验效果。

在过程控制领域，仿真技术通过模拟被控对象在控制策略作用下的行为，检验控制的有效性，并对被控对象模型和算法作出评价。

目前，即便是在大量采用 DCS，FCS 控制的现代流程工业生产过程中，采用 PID 的回路仍占总回路的 80%～90%。因为 PID 控制算法足以维护一般过程的平衡操作与运行，而且这类算法简单且应用历史悠久，容易为操作人员接受。但是，仍有 10%～20%的控制问题采用 PID 控制和串级、比值、前馈等经典复杂控制策略无法奏效，而它们大多数是生产过程的核心部分，直接关系到产品的质量、生产率和成本等有关指标。合理的过程控制方案可以带来巨大的经济效益。新的控制策略一般不能直接实施于现场，而是需要在投入实际运行之前对控制方案、策略和算法进行大量的仿真实验，以提高安全性和的控制效果。

二、过程控制系统仿真的一般过程

过程控制系统仿真包括问题描述、模型建立、仿真实验、结果分析等基本步骤。

（1）建立数学模型（问题描述）：分析具体的控制问题并建立模型。控制系统的数学模型是指描述控制系统输入、输出变量以及内部各变量之间关系的数学表达式。控制系统数学模型可分为静态模型和动态模型两类，静态模型描述的是过程控制系统变量之间的静态关系，动态模型描述的是过程控制系统变量之间的动态关系。最常用、最基本的数学模型是微分方程与差分方程。

（2）建立仿真模型（模型建立）：由于计算机数值方法的限制，有些数学模型是不能直接用于数值计算的，如微分方程，因此原始的数学模型必须转换为能够实施仿真的仿真模型。例如，在进行连续系统仿真时，就需要将微分方程这样的数学模型通过拉普拉斯变换转换成传递函数结构的仿真模型。

（3）编写仿真程序（仿真实验）：过程控制系统的仿真涉及很多相关联的量，这些量之间的联系要通过编制程序来实现，常用 MATLAB/Simulink 来迅速编写界面友好的仿真程序。Simulink 可方便地利用鼠标在模型窗口上绘制出所需要的控制系统模型，并进行仿真和分析。

（4）结果分析：在完成以上工作后，就可以进行结果分析了，通过对仿真结果的分析来对仿真模型与仿真程序进行检验和修改，如此反复，直至达到满意的实验效果为止。

三、Simulink 在过程控制仿真中的优势

MATLAB 具有友好的工作平台和编程环境、简单易学的编程语言、强大的科学计算和数据处理能力、出色的图形和图像处理能力、能适应多领域应用的工具箱、适应多种语言的程序接口、模块化的设计和系统级的仿真功能等诸多优点和特点。为了满足用户对工程仿真的要求，1990 年 MathWorks 软件公司为 MATLAB 提供了新的控制系统模型化图形输入与仿真工具，并命名为 SIMULAB，在控制工程界获得了广泛的认可，使仿真软件进入了模型化图形组态阶段。1992 年正式将该软件更名为 Simulink。作为实现动态系统建模和仿真的一个软件包，Simulink 让用户把精力从编程转向模型的构造，将用户从烦琐的代码编写中解放出来，Simulink 的每个模块对用户都是透明的，用户只需知道模块的输入、输出以及模块的功能，而不必管模块内部是怎么实现的，即可利用这些模块来建立模型以完成自己的仿真任务。在学术界和工业领域，Simulink 已经成为动态系统建模和仿真领域中应用最为广泛的软件之一，也成为目前最常用的

过程控制系统仿真平台。在过程控制系统仿真中，Simulink 具有先天的优势。

（1）Simulink 可以很方便地创建和维护一个完整的模块，评估不同的算法和结构，并验证系统的性能。由于 Simulink 采用模块组合方式来建模，因而可以使用户能够快速、准确地创建动态系统的计算机仿真模型，特别是对复杂的不确定非线性系统，更加方便。而且，对同一个过程特性，Simulink 可以方便地进行不同控制方案的仿真和评估，通过多种仿真分析比较，有利于用户对过程控制理论的理解和掌握。

（2）Simulink 模型可以用来模拟线性和非线性、连续和离散，或两者的混合系统，也就是说它可以用来模拟几乎所有可能遇到的动态系统。此外，Simulink 还提供一套图形动画的处理方法，使用户可以方便地观察到仿真的整个过程。

（3）Simulink 没有单独的语言，但是它提供了 S 函数规则。S 函数可以是一个 M 函数文件、Fortran 程序、C 或 C++语言程序等，通过特殊的语法规则使之能够被 Simulink 模型或模块调用。S 函数使 Simulink 更加充实、完备，具有更强的处理能力。如同 MATLAB 一样，Simulink 也是开放的，它允许用户方便地定制自己的模块和模块库。同时 Simulink 也有比较完整的帮助系统，使用户可以随时找到对应模块的说明，便于应用。

四、Simulink 的启动

Simulink 的启动有两种方式，一种是启动 MATLAB 后，单击 MATLAB 主窗口的快捷按钮；另一种是在 MATLAB 命令窗口中直接输入"Simulink"并回车。运行后会出现一个如图2.1 所示的"Simulink Library Browser"窗口，它显示了 Simulink 模块库（包括模块组）和所有已经安装了的 MATLAB 工具箱对应的模块库。在图 2.1 中，若用鼠标左键单击其左侧的

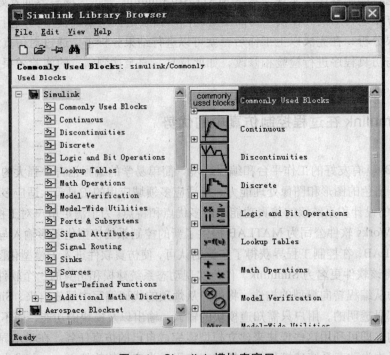

图 2.1　Simulink 模块库窗口

"Simulink"项，会在其右侧显示 Simulink 模块库所有模块组的图标，同样，若用鼠标左键单击左侧的 Simulink 模块库中任一模块组的名称（如"Continuous"）就会在其右侧显示该模块组所有模块的图标，见图 2.2。

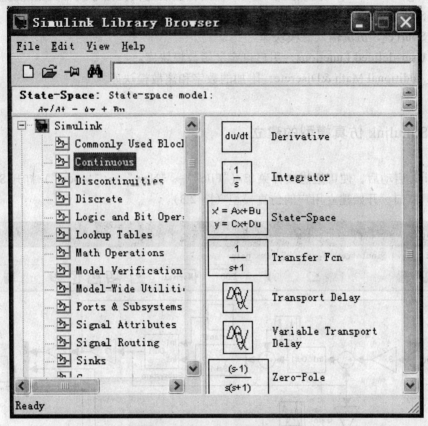

图 2.2 Continuous 模块组图标

五、Simulink 模块库介绍

在进行系统动态仿真之前，应先绘制仿真系统框图，并确定仿真参数。Simulink 为用户提供了丰富的绘制仿真系统框图的模块库，按功能分为以下 16 类子模块库：

（1）Commonly Used Blocks：仿真常用模块库。

（2）Continuous：连续系统模块库。

（3）Discontinuities：非线性系统模块库。

（4）Discrete：离散系统模块库。

（5）Logic and Bit Operations：逻辑运算和位运算模块库。

（6）Lokkup Tables：查找表模块库。

（7）Math Operations；数学运算模块库。

（8）Model Verification：模型验证模块库。

（9）Model-Wide Utilities：进行模型扩充的实用模块库。

（10）Ports & Subsystems：端口和子系统模块库。

（11）Signals Attributes：信号属性模块库。

（12）Signals Routing：提供用于输入、输出和控制的相关信号及相关处理的模块库。

（13）Sinks：仿真接收模块库。

（14）Sources：仿真输入源模块库。

（15）User-defined Functions：用户自定义函数模块库。

（16）Additional Math &Discrete：附加的数字和离散模块库。

六、Simulink 仿真模型的建立

Simulink 启动后，便可通过文件菜单（"File" → "New" → "Model"）打开 Simulink 仿真模型编辑窗口，开始建立用户的仿真模型（图 2.3）。

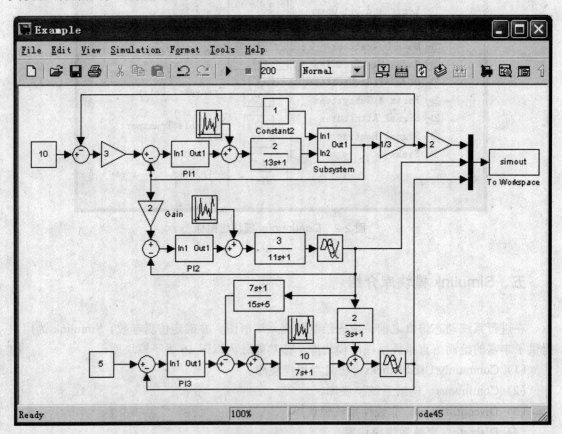

图 2.3　Simulink 仿真模型编辑窗口

一个典型的 Simulink 仿真模型由信号源、被模拟的系统和输出显示三种类型的模块构成。信号源为系统的输入，它包括常数信号源、函数信号发生器（如正弦波和阶跃函数等）和用户在 MATLAB 中创建的自定义信号。被模拟的系统模块作为仿真的中心模块，是 Simulink 仿真建模所要解决的主要问题。系统的输出由显示模块接受，输出形式包括图形显示、示波

器显示、输出到文件、输出到 MATLAB 工作空间几种，输出模块主要在 Sinks 库中，Simulink 里提供了许多诸如示波器的接收模块，使得仿真具有像做实验一般的图形化显示效果。

　　建立一个仿真模型，首先打开一个空白的 Simulink 模型窗口，再进入 Simulink 模块库浏览界面，将相应模块库中的模块拖到编辑窗口里。具体的操作是：用鼠标左键选中所需要的模块，然后将其拖到需要创建仿真模型的窗口，松开鼠标，这时所需要的模块就出现在 Simulink 模型窗口中。在 Simulink 环境下绘制模块，一般带有默认参数，为满足用户的特定任务，需修改模块的参数。具体的操作是：双击该模块，打开此模块的参数设置对话框，即可查看模块的各项默认参数，修改相应参数即可。模块绘制完毕后，将各个模块按信号传输关系连接起来，搭建所需的系统模型，用菜单或在命令窗口键入命令进行仿真，观察仿真结果，不断修正错误，直到结果满意，保存模型。

七、Simulink 模块操作

　　将仿真所需的模块从各自的模块库中拖到新建的模型窗口后，需要进行一些模块的处理，包括模块参数设置、模块的连接等，然后才能构建仿真系统。

1. Simulink 模块参数设置

　　对于功能模块，不同功能模块的参数是不同的，用鼠标双击该功能模块，自动弹出相应的参数设置对话框。图 2.4 所示的是传输延迟模块参数设置对话框。功能模块参数设置对话

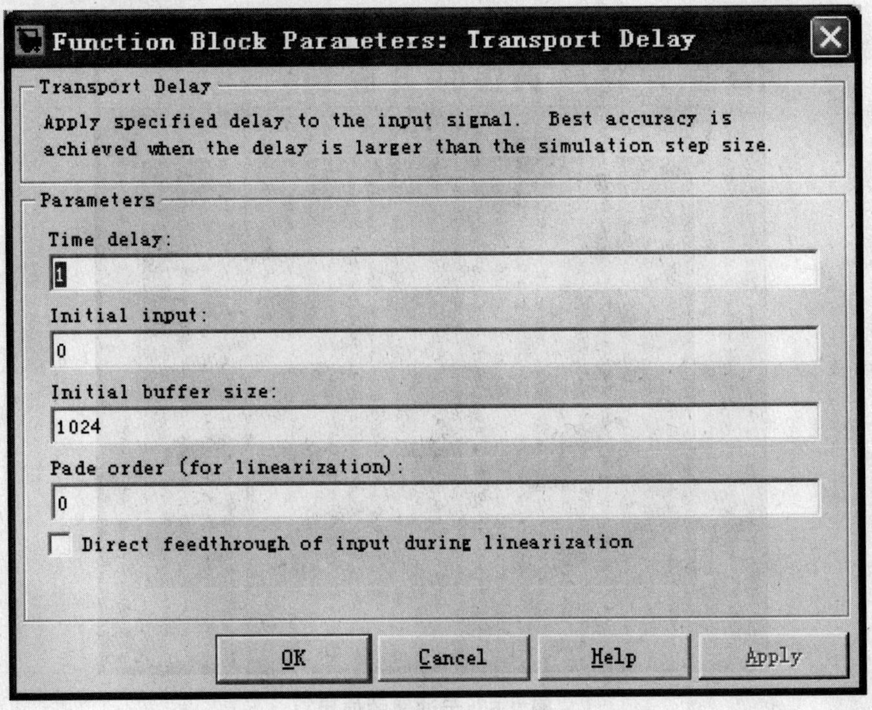

图 2.4　传输延迟模块参数设置的对话框

框由功能模块说明框和参数设置框组成，功能模块说明框用来说明该功能模块的使用方法和功能，参数设置框用来设置该功能模块的参数。Simulink 中几乎所有模块的参数（Parameter）都允许用户进行设置，只要双击要设置参数的模块就会弹出设置对话框。例如，图 2.4 中，"Transport Delay" 说明框中有该模块的说明，"Parameters" 说明框由 "Time delay"（拖延时间）、"Initial input"（初始输入）、"Initial buffer size"（初始缓冲区的大小）和 "Pade order（pade 近似的阶次组成）"，用户可输入相关参数。每个对话框具有 "OK"（确认）、"Cancel"（取消）、"Help"（帮助）和 "Apply"（应用）4 个按钮。

2. 示波器参数设置

在 Simulink 仿真时，示波器是常用的显示仿真结果的工具之一，可接受向量信号，实时显示信号波形，结果直观方便，图 2.5 显示了示波器的使用，示波器窗口的标题是 "Scope"，其下是工具栏（管理 X 变焦、Y 变焦、XY 变焦、自动刻度等）。用鼠标右键单击示波器 "坐标框" 内任一处，弹出现场菜单，选中菜单项 "Axes properties"，可得如图 2.6 所示的示波器坐标框设置对话框，在 Y-min 和 Y-max 栏中填写所希望的纵坐标轴下、上限。用鼠标左键单击示波器工具栏 "Parameter" 按钮，打开如图 2.7 所示的示波器参数设置对话框。一般选项（General）可进行横坐标显示参数的设置，历史选项（Data history）可进行示波器数据处理的设置。

影响横坐标显示的几个参数如下：

（1）Number of axes 栏：默认为 1，表示 Scope 模块只有一个输入端，只显示一个信号区。

（2）Time range 栏：默认为 10，意味着显示在[0，10]区间的信号。

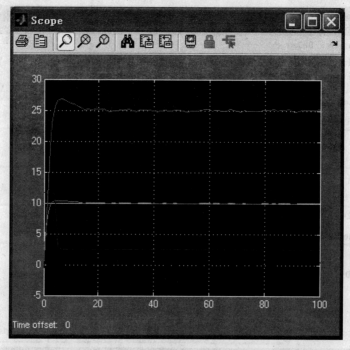

图 2.5　示波器的使用

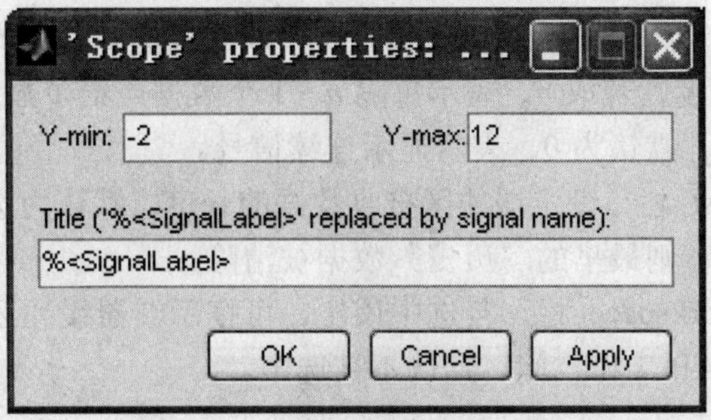

图 2.6 示波器坐标框设置对话框

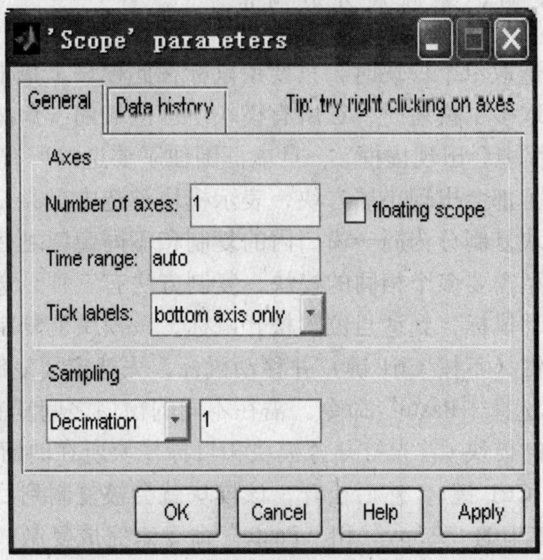

（a）一般选项

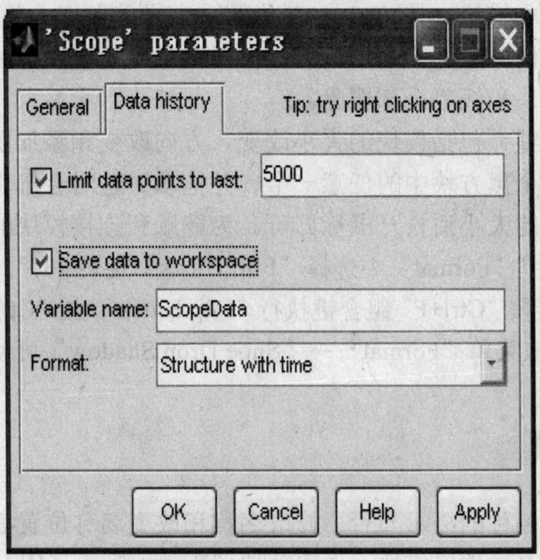

（b）历史选项

图 2.7 示波器参数设置对话框

（3）Sampling 包含两个下拉菜单项：Decimation（抽选）和 Sample time（采样时间）。Decimation 设置显示频度，若取 n，表示每隔 $n-1$ 个数据点给予显示；Sampling time 设置显示点的采样时间步长，默认为 0，表示显示连续信号。

（4）Limit row to last 栏：设定缓冲区接收数据的长度。默认为选中状态，其值为 5 000，若输入数据超过设定值，则最早的"历史"数据被清除。

（5）Save data to workspace 栏：若选中该栏，可把示波器缓冲区中保存的数据以矩阵或结构体形式送入 MATLAB 工作空间。默认不被选中。

3. 模块选取、复制、删除及外形调整

（1）模块选取：当选取单个模块时，只要用鼠标在此模块上单击即可，这时模块的角上出现黑色的小方块；选取多个模块时，在所有模块所占区域的一角按下鼠标左键不放，拖向该区域的对角，在此过程中会出现虚框，一旦虚框围住了要选的所有模块后，松开鼠标左键，这时所有被选模块的角上都会出现小黑方块，表示模块被选中了。

（2）模块复制：模块复制分为同一窗口内的复制和不同窗口之间的复制两种。在同一窗口内复制，有时一个模型需要多个相同的模块，复制方法有三种：选中要复制的模块，按下 Ctrl 键同时按住左键移动鼠标，到适当位置松开鼠标，该模块就复制到了当前位置。更简单的方法是，按住鼠标右键（不按 Ctrl 键）并移动鼠标。先选定要复制的模块，选择"Edit"→"Copy"命令，然后选择"Paste"命令。需在不同的窗口之间复制时，复制方法有两种：用鼠标左键选中要复制的模块（首先打开源模块和目标模块所在的窗口），按住左键移动鼠标到相应窗口（不用按住 Ctrl 键），然后松开，该模块就会被复制到目标窗口，而源模块不会删除。使用"Edit"菜单中的"Copy"和"Paste"命令来完成复制。先选定要复制的模块，选择"Edit"→"Copy"命令，到目标窗口选择"Edit"→"Paste"命令。

（3）模块删除：选中模块，按 Delete 键即可。若要删除多个模块，可以同时按住 Shift 键，再用鼠标选中多个模块，再按 Delete 键；也可以用鼠标选取某区域，再按 Delete 键就可以把该区域中的所有模块和线等全部删除。

（4）模块外形的调整：包括模块的大小改变、方向改变和添加阴影等。为改变大小，用鼠标选中模块周围的四个黑方块中的任意一个，并拖动，这时会出现虚线的矩形表示新模块的大小，当调整到需要的大小后松开鼠标即可。为能顺利连接模块的输入和输出端，某些模块有时需要转向。在菜单"Format"中选择"Flip Block"旋转 180°，选择"Rotate Block"顺时针旋转 90°；或者直接按"Ctrl+F"组合键执行"Filp Block"，按"Ctrl+R"组合键执行"Rotate Block"。选定模块，选取菜单"Format"→"Shoe Drop Shadow"可使模块产生阴影效果。

4. 模块名的处理

模块名的处理包括名称的显示与否、修改名称和改变名称位置等。

（1）是否显示模块名：选定模块，选取菜单"Format"→"Hide Name"，模块名就会被隐蔽，同时"Hide Name"改为"Show Name"；而选取"Show Name"就会使模块隐藏的名字显示出来。

（2）修改模块名：单击模块名的区域，会在此出现编辑状态的光标，在这种状态下能够对模块名随意修改。

（3）改变模块名的位置：模块名的位置有一定的规律，当模块的接口在左右两侧时，模块名只可在模块的上下两侧，默认在下侧；当模块的接口在上下两侧时，模块名只可位于模块的左右两侧，默认在左侧。因此模块名只可从原位置移到相对的位置。可用鼠标拖动模块名到其相对的位置；也可选定模块，用菜单"Format"下的"Flip Name"实现相同的移动。

5. 模块颜色与其他属性设定

使用"Format"菜单中的"Foreground Color"可以改变模块的前景颜色，"Background Color"可以改变模块的背景颜色，而模型窗口的颜色可以通过"Screen Color"改变。

要改变模块的其他属性，先选中模块，使用"Edit"→"Block Properties"可对模块进行属性设定，包括对 Description、Priority、Tag、Open function、Attributes format string 等属性的设定，其中 Open function 是一个很有用的属性，通过它指定一个函数名，当模块被双击之后，Simulink 就会调用该函数并执行，这种函数在 MATLAB 中称为回调函数。

6. 模块间的连线

当设置好各个模块后，还需要把它们按照一定的顺序连接起来才能组成一个完整的系统模型。

（1）模块间的连线，一般有以下几种情况：要连接两个模块，先移动光标到输出端，光标箭头会变成"十"字形，这时按住鼠标左键，移动光标到另一个模块的输入端，当"十"字光标出现"重影"时，松开鼠标左键就完成了连接。如果两个模块不在同一水平线上，连线是一条折线。如果要用斜线连接，则在连接时按住 Shift 键。若要调整模块间连线，则先把光标移到需要移动的线段位置，按住鼠标左键，移动光标到目标位置，松开鼠标左键。还有一种情况是要把一条直线分成斜线段，调整方法和前一种情况类似；不同之处在于按住鼠标之前要按下 Shift 键，出现小黑方框之后，用鼠标选中小黑方框移动，移动到适合的位置松开 Shift 键和鼠标。若要在连线之间插入模块，则把该模块用鼠标拖到连线上，然后松开鼠标即可。连线的分支是经常会碰到的情况，即需要把一个信号输送到不同的模块，这时就需要分支结构的连线。例如，要把正弦波信号实时显示出来，同时还要存到文件，操作步骤是：在连好一条线以后，把鼠标移到支线的起点位置，按下鼠标左键，然后按住 Ctrl 键，将鼠标移到目标模块的输入端，最后松开鼠标和 Ctrl 键。

（2）在连线上标示信息：包括表示向量、显示数据类型和标记等。了能比较直观地区别各个模块之间传输的是数据还是矩阵（向量），可以选择模型文件菜单"Format"下的"Wide vector Lines"选项，这样传输向量的连线就会变粗。如果再选择"Format"下的"Vector Lines Widths"选项，在传输矩阵的连线上方会显示通过该连线的矩阵维数。选择菜单"Format"→"Port Data Types"可在连线上显示一个模块输出的数据类型。此外为了使模型更加直观、可读性更强，可以为传输的信号做标记（略）。

八、仿真器参数设置

在编辑好仿真程序后，应设置仿真操作参数，以便进行仿真。单击"Simulation"菜单下面的"Configuration Parameters"项或者直接按快捷键"Ctrl+E"，便弹出如图 2.8 所示的设置界面，包括仿真器参数设置、工作空间数据导入/导出（Data Import/Export）设置等。下面对控制系统仿真中常用的仿真设置进行介绍。仿真器参数设置可用于选择仿真开始时间、仿真结束时间、解法器及输出项等。对于一般的仿真，使用默认设置即可。

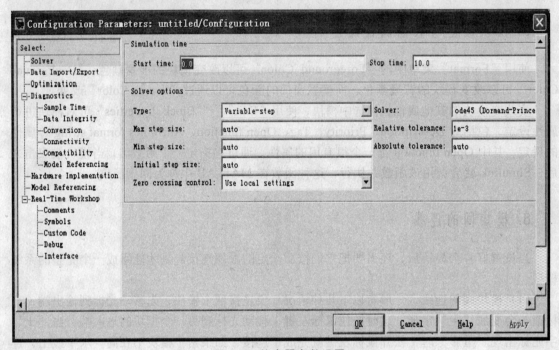

图 2.8　仿真器参数设置

1. 仿真时间（Simulation time）设置

这里所指的时间概念与真实的时间并不一样，只是计算机仿真中对时间的一种表示，比如 10 s 的仿真时间，如果采样步长定为 0.1，则需要执行 100 步，若把步长减小，则采样点数增加，那么实际的执行时间就会增加。需要设置的有仿真开始时间（Start time）和仿真结束时间（Stop time）。一般仿真开始时间设为 0，而结束时间则视不同的情况进行选择。一般来说，执行一次仿真要耗费的时间取决于很多因素，包括模型的复杂程度、解法器及其步长的选择、计算机时钟的速度等。

2. 仿真步长模式设置

用户在"Type"后面的第一个下拉选项框中指定仿真的步长选择方式，可供选择的有"Variable-step"（变步长）和"Fixed-step"（固定步长）方式。选择变步长模式可在仿真过程中改变步长，提供误差控制和过零检测选择。固定步长模式则可在仿真过程中提供固定的步长，不提供误差控制和过零检测。

3. 解法器设置

用户在"Solver"后面的下拉选项中可选择变步长模式解法器或固定步长模式解法器。变步长模式解法器有：discrete、ode45、ode23、ode113、ode15s、ode23s、ode23t 和 ode23th。ode45 为默认值，表示四/五阶龙格-库塔法，适用于大多数连续或离散系统，但不适用于刚性（Stiff）系统。它是单步解法器，即在计算 $y(t_n)$ 时，仅需要最近处理时刻的结果 $y(t_{n-1})$。这些解法器的具体含义参见 MATLAB 帮助文件。

4. 变步长的参数设置

对于变步长模式，用户常用的设置有最大和最小步长参数、相对误差和绝对误差、初始步长及过零控制。默认情况下，步长自动确定，用 Auto 值表示。Max step size（最大步长参数）决定解法器能够使用的最大时间步长，它的默认值为"仿真时间/50"，即整个仿真过程中至少取 50 个取样点，但这样的取法对于仿真时间较长的系统则可能带来取样点过于稀疏的问题，继而使仿真结果失真。一般建议对于仿真时间不超过 15 s 的采用默认值即可，对于超过 15 s 的每秒至少保证 5 个采样点，对于超过 100 s 的，每秒至少保证 3 个采样点。Min step size（最小步长参数）：用来规定变步长仿真时使用的最小步长。Relative tolerance（相对误差）指误差相对于状态的值，是一个百分比，默认值为 1×10^{-3}，表示状态的计算值要精确到 0.1%。Absolute tolerance（绝对误差）：表示误差值的门限，或者是在状态值为零的情况下可以接受的误差，如果它被设成了 Auto，那么 Simulink 为每一个状态设置的初始绝对误差为 1×10^{-6}。Initial step size（初始步长参数）一般建议使用 Auto 值。Zero crossing control（过零控制）用来检查仿真系统的非连续情况。

5. 固定步长的参数设置

对于固定步长模式，用户常用的设置有 Multitasking、Singletasking、Auto 三种。选择 Auto 模式时，Simulink 会根据模型中模块的采样速率是否一致，自动决定切换到 Multitasking 模式或 Singletasking 模式。

九、工作空间数据导入/导出设置

工作空间数据导入/导出（Data Import/Export）设置主要在 Simulink 与 MATLAB 工作空间交换数值时进行有关选项设置，可以设置 Simulink 和当前工作空间的数据输入、输出。通过设置，可以从工作空间输入数据、初始化状态模块，也可以把仿真结果、状态变量、时间数据保存到当前工作空间，它包括"Load from workspace""Save to workspace"和"Save options"三个选择项。

1. Load from workspace

选中前面的复选框即可从 MATLAB 工作空间获取时间和输入变量，一般时间变量定义为 t，输入变量定义为 u。"Initial state"用来定义从 MATLAB 工作空间获得的状态初始值的变量名。Simulink 通过设置模型的输入端口，实现仿真过程中从工作空间读入数据。常用的输入端口模块为信号与系统模块库（Signals & Systems）中的 In1 模块，设置其参数时，选中 Input 前的复选框，并在后面的编辑框键入输入数据的变量名，可用命令窗口或 M 文件编辑器输入数据。Simulink 根据输入端口参数中设置的采样时间读取输入数据。

2. Save to workspace

用来设置保存在 MATLAB 工作空间的变量类型和变量名。可以选择保存的选项有时间、端口输出、状态和最终状态。选中某一选项前面的复选框并在该选项后面的编辑框输入变量名，就会把相应数据保存到指定的变量中。常用的输出模块为信号与系统模块库（Signals & Systems）中的 Out1 模块和输出方式库（Sink）中的 To Workspace 模块。

3. Save options

用来设置送往工作空间的一些选项，包括 Limit rows to last，Decimation，Format，Signal logging name，Output options 等。

十、Simulink 仿真举例

通过前面的内容，读者应该了解并初步掌握了 Simulink 的使用方法。使用 Simulink 仿真的基本过程如下：

（1）启动 Simulink 并打开模型编辑窗口；

（2）将所用模块添加到模型中；

（3）设置模块参数，并连接各个模块组成仿真模型；

（4）设置系统仿真参数；

（5）开始系统仿真；

（6）观察仿真结果。

下面通过一个实例，讲述如何使用 Simulink 进行仿真。试产生一个 $3\sin(2t)$ 和 $\sin(5t)$ 叠加的信号，而且还叠加一个功率谱为 0.5 的限带宽白噪声。本例中，需要正弦信号、限带宽白噪声、加法模块、观测结果的模块。将 Sources 模块组中的 Signal Generator 模块拖入到 Untitled 窗口中，它是信号发生模块，双击该模块，选定 Sine 波形，设置幅度为 3，频率为 2，这将产生 $3\sin(2t)$；类似的添加 $\sin(5t)$ 信号模块。添加 Sources 模块组中的 Band-Limited White Noise 模块，它是限带宽白噪声模块，双击该模块，设置 Noise Power 为 0.5，幅度为 3，频率为 2。添加 Math Operators 模块组中的 Add 模块，它是加法模块，默认是两个信号相加，双击该模块，将"List of Signs"中的（++）改为三个加号（+++），表示对三个信号进行相加。添加 Sinks 模块组的 Scope 模块，它是示波器模块，能够将结果显示出来，连接好模块后，如图 2.9 所示，在默认参数下，仿真运行，结果如图 2.10 所示。

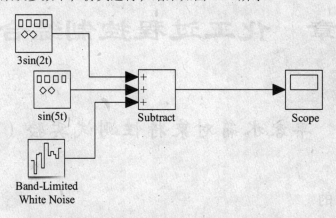

图 2.9　三信号叠加的 Simulink 模型

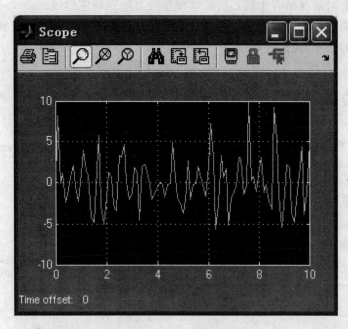

图 2.10　三信号叠加结果

第三章 化工过程控制综合实验

实验 1 单容水箱对象特性测试实验（DCS）

一、实验目的

（1）熟悉一阶对象（单容水箱）的数学模型及其阶跃响应曲线。

（2）掌握根据实测的单容水箱液位阶跃响应曲线确定对象模型参数（放大系数、时间常数、滞后时间）的基本方法。

二、实验设备

CS4000 型过程控制实验装置，DCS 控制站、PC 机，监控软件（AdvanTrol）。

三、实验原理

单容水箱系统结构如图 3.1 所示。

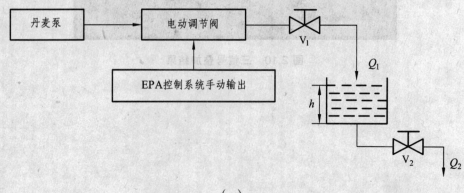

（a）

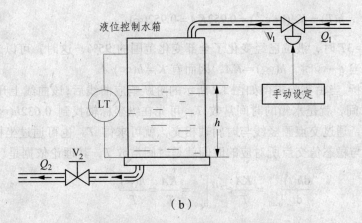

（b）

图 3.1　单容水箱系统结构示意图

阶跃响应法是获取对象特性的一种常用方法，一般在所要研究的对象上加上一个人为的输入作用（输入量），然后，记录表征对象特性的物理量（输出量）随时间变化的规律，得到一系列实验数据（或曲线），以此来表示对象的特性。实际操作中，先使系统开环运行，待系统稳定后，通过调节器或其他操作器，手动改变对象的输入信号（阶跃信号），同时记录对象的输出数据或阶跃响应曲线。然后根据对象模型的结构形式，对实验数据进行适当处理或者采用图解法，确定模型参数。

如图 3.1 所示，设水箱的进水量为 Q_1，出水量为 Q_2，水箱的液面高度为 h，出水阀 V_2 固定于某一开度值。根据物料动态平衡的关系，可求得：

$$R_2 C \frac{\mathrm{d}\Delta h}{\mathrm{d}t} + \Delta h = R_2 \Delta Q_2$$

在零初始条件下，通过拉氏变换，可得如下传递函数：

$$G(s) = \frac{H(s)}{Q_2(s)} = \frac{R_2}{R_2 C s + 1} = \frac{K}{Ts + 1}$$

式中：T 为水箱对象的时间常数（注：阀 V_2 的开度变化会影响时间常数），$T = R_2 C$；$K = R_2$ 为单容水箱对象的放大倍数；R_1、R_2 分别为 V_1、V_2 阀的液阻；C 为水箱的容量系数。

令输入流量 Q_1 的阶跃变化量为 A，其拉氏变换式为 $Q_1(s) = A/s$，可得液位的拉氏变换：

$$H(s) = \frac{KA}{s(Ts + 1)} = \frac{KA}{s} - \frac{KA}{s + 1/T}$$

通过拉氏反变换，可得：

$$h(t) = KA(1 - e^{-t/T})$$

当 $t = T$ 时，

$$h(T) = KA(1 - e^{-1}) = 0.632 KA = 0.632(\infty)$$

当 $t = 3T$ 时，

$$h(T) = KA(1 - \mathrm{e}^{-3}) = 0.952KA = 0.952(\infty)$$

可见，当 $t = 3T$ 时，液位已经变化了全部变化范围的 95%，这时，可以近似地认为动态过程基本结束。当 $t \to \infty$ 时，$h(\infty) = KA$，因而有 $K = h(\infty)/A$。

基于以上分析，当由实验求得如图 3.2 所示的阶跃响应曲线后，该曲线上升到稳态值 $h(\infty)$ 的 63% 所对应时间，就是水箱的时间常数 T，可先在纵坐标轴找到 $0.632h(\infty)$ 点，再画横线与响应曲线相交，通过交点画竖线与时间轴相交，就可求得 T。也可通过坐标原点对响应曲线作切线，切线与稳态值交点所对应的时间就是时间常数 T，其理论依据是：

$$\left.\frac{\mathrm{d}h(t)}{\mathrm{d}t}\right|_{t=0} = \left.\frac{KA}{T}\mathrm{e}^{-t/T}\right|_{t=0} = \frac{KA}{T} = \frac{h(\infty)}{T}$$

上式表示如果 $h(t)$ 保持在原点时的速度 $h(\infty)/T$，经过时间常数 T 刚好达到稳态值 $h(\infty)$。

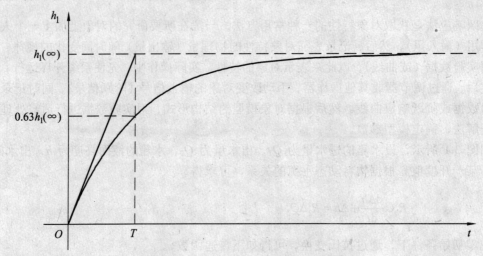

图 3.2   一阶对象的阶跃响应曲线

四、实验步骤

（1）关闭出水阀，将 CS4000 实验系统的储水箱灌满水（至最高限）。

（2）打开以丹麦泵、电动调节阀、电磁流量计组成的动力支路至中上水箱的出水阀门，关闭动力支路上通往其他水箱的阀门，同时打开中上水箱的出水阀至适当开度。

（3）手动打开实验装置、检测仪表、丹麦泵、电动调节阀的电源开关。

（4）启动 AdvanTrol V3.16 上位机组态软件，进入主画面，选择本实验，并点击"选择本实验"按钮，注意熟悉本实验组态软件的启动、退出、界面和基本操作。

（5）用鼠标点击相应的对话框，在"MV"栏中设定电动调节阀一个适当开度（注意是百分比），此时，也可以适当调节中上水箱的进出口阀门开度，以便使系统水位相对稳定在一个较低或者较高水平（如总高度的 20%~30% 和 70%~80%），如果观察到水位基本稳定一定时间，如 5~10 min，可以开始计数，计数时间间隔确定后不能再改变，进出口阀门开度也不可再动。

（6）加阶跃干扰，即突然改变控制电动调节阀开度的输出信号（如原来 MV＝20％，可改为 MV＝30％或反之）。阶跃信号不能太大，一般控制在<10％，以免水流满出；但也不能太小，以免因读数误差和随机干扰影响实验效果。记录加阶跃干扰的时刻和 MV 改变量，同时不断记录液位随时间的变化，直到液位再次趋于稳定（至少 3T），从而得到阶跃响应曲线。如果由于 MV 改变太大使液位在稳定前已满出或漏空，说明干扰太大，则实验失败，需要重做。在时间允许的情况下，可以改变阶跃干扰大小，包括正向和反向的阶跃干扰，获得不同情况下的阶跃响应曲线。

五、实验报告要求

（1）用计算机画出一阶环节的阶跃响应曲线（参考图 3.3）。
（2）根据实验原理中所述的方法，求出实验对象的模型参数。
（3）根据理论课知识，对实验结果或者出现的特殊现象进行分析解释。

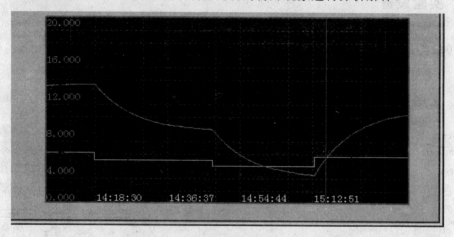

图 3.3 一阶对象阶跃响应曲线参考图

六、思考题

（1）在本实验中，为什么不能任意改变水箱进出水阀的开度大小？
（2）计数的时间间隔为什么必须一致？否则，会出现什么问题？
（3）获得对象特性对于设计相应的自动化系统有什么重要意义？
（4）在保证实验成功的前提下，为了缩短实验时间要注意哪些问题？
（5）液位变送器的系统误差，对本实验有无实质性的影响？
（6）导致实验中水箱满出和漏空的原因有哪些？应该如何处理？

（5）加深理

实验2 双容水箱对象特性测试实验（DCS）

一、实验目的

（1）熟悉二阶对象（双容水箱）的数学模型及其阶跃响应曲线特性。
（2）掌握根据实测的双容阶跃响应曲线近似确定对象模型参数（放大系数、时间常数、滞后时间）的基本方法。

二、实验设备

CS4000 型过程控制实验装置，DCS 控制站、PC 机，监控软件（AdvanTrol）。

三、实验原理

双容水箱系统结构如图 3.4 所示，由两个一阶惯性环节串联组成，被控变量是第二水槽的水位 h_2。当输入量（上水箱入水量）有一个阶跃 ΔQ_1 时，被控变量的反应曲线如图 3.5 所示的 Δh_2 曲线。与单水箱不同，它是一条呈 S 形的曲线。由于多了一个水箱，就使调节对象

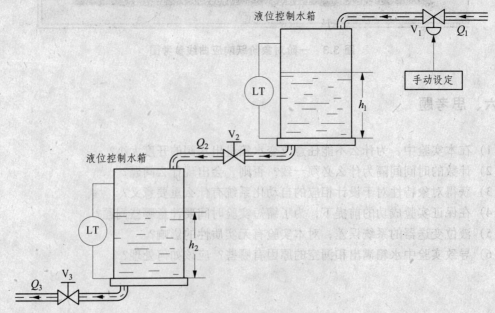

图 3.4　双容水箱系统结构示意图

的飞升特性在时间上落后一步。在图中 S 形曲线拐点 A 上作切线与稳态值和时间轴分别相交，所截线段在时间轴的投影即时间常数，左端点与阶跃发生时刻之差可近似衡量由于多了一个容量而使飞升过程向后推迟的程度，称容量滞后，通常以 τ_C 代表之。

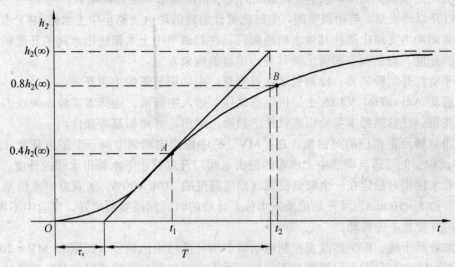

图 3.5 二阶对象的阶跃响应曲线

设流量 Q_1 为双容水箱的输入量，下水箱的液位高度 h_2 为输出量，根据物料动态平衡关系，并考虑到液体传输过程中的时延，其传递函数为：

$$\frac{H_2(s)}{Q_1(s)} = G(s) = \frac{K}{(T_1 s + 1)(T_2 s + 1)} e^{-\tau s}$$

式中：$K = R_3$，$T_1 = R_2 C_1$，$T_2 = R_3 C_2$，R_2、R_3 分别为阀 V_2 和 V_3 的液阻，C_1 和 C_2 分别为上水箱和下水箱的容量系数。式中的 K、T_1 和 T_2 必须由实验求出。具体的做法是在图 3.5 所示的阶跃响应曲线上取：

（1）$h_2(t)$ 稳态值的渐近线 $h_2(\infty)$；

（2）$h_2(t)|_{t=t_1} = 0.4 h_2(\infty)$ 时曲线上的点 A 和对应的时间 t_1；

（3）$h_2(t)|_{t=t_2} = 0.8 h_2(\infty)$ 时曲线上的点 B 和对应的时间 t_2。

然后，利用下面的近似公式计算模型中的参数 K、T_1 和 T_2。

$$K = \frac{h_2(\infty)}{\Delta Q_1} = \frac{\text{输出稳态值}}{\text{输入量阶跃}}$$

$$T_1 + T_2 \approx \frac{t_1 + t_2}{2.16}$$

对于二阶过程，$0.32 < t_1/t_2 < 0.46$；当 $t_1/t_2 = 0.32$ 时，为一阶环节；当 $t_1/t_2 = 0.46$ 时，过程的传递函数 $G(s) = K/2$（$Ts + 1$）（此时 $T_1 = T_2 = T = 2.18(t_1 + t_2)/2$）

$$\frac{T_1 T_2}{(T_1 + T_2)^2} \approx 1.74 \frac{t_1}{t_2} - 0.55$$

四、实验步骤

（1）关闭出水阀，将 CS4000 实验系统的储水箱灌满水（至最高限）。

（2）打开以丹麦泵、电动调节阀、电磁流量计组成的动力支路至中上水箱-中下水箱的出水阀门，关闭动力支路上通往其他水箱的阀门。注意调节中上水箱进出水阀的开度和中下水箱出水阀的开度，避免漏空和满出使其变为单容的现象发生。

（3）手动打开实验装置、检测仪表、丹麦泵、电动调节阀的电源开关。

（4）启动 AdvanTrol V3.16 上位机组态软件，进入主画面，选择本实验，并点击"选择本实验"按钮，注意熟悉本实验组态软件的启动、退出、界面和基本操作。

（5）用鼠标点击相应的对话框，在"MV"栏中设定电动调节阀一个适当开度（注意是百分比），此时，也可适当调节中上水箱的进出水阀门开度或中下水箱出水阀的开度，以使系统中下水箱水位相对稳定在一个较低位置（如总高度的 20%～30%，若观察到水位基本稳定一定时间，如 5～10 min，可开始记录下水位，计数的时间间隔要确定好，实验中不再改变，进出水阀门开度也不能再动。

（6）加阶跃干扰，即突然改变控制电动调节阀开度的输出信号（如原来 MV＝20%，此时改为 MV＝30%或反之）。阶跃信号不能取得太大，以免影响正常运行；但也不能过小，以防止因读数误差和随机干扰影响实验效果。如无把握，加干扰可以按照从小到大的原则尝试。记录加干扰的时刻和 MV 改变量，同时不断记录下水位随时间的变化，直到液位再次趋于稳定，从而得到阶跃响应曲线。如果由于 MV 改变太大而使液位在稳定前已满出或者漏空，说明干扰太大或某个阀门开度不合适，实验失败，需重做。要特别注意调节上下水箱的进出水阀门开度。在时间允许的情况下，可以改变阶跃干扰大小，包括正向和反向的阶跃干扰，获得不同情况下的阶跃响应曲线。

五、实验报告要求

（1）用计算机画出二阶环节的阶跃响应曲线（参考图 3.6），并与一阶环节进行比较。

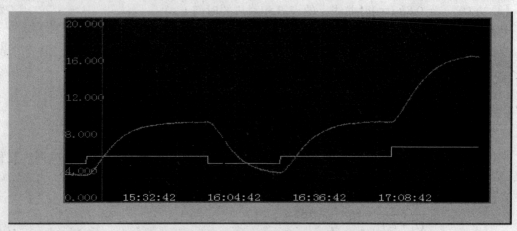

图 3.6　二阶对象的阶跃响应曲线参考图

（2）根据实验原理中所述的方法，求出二阶环节对象的模型参数。

（3）根据理论课知识，对实验结果或者出现的特殊现象进行分析解释。

六、思考题

（1）在本实验中，为什么不能任意改变水箱进出水阀门的开度大小？

（2）在保证实验成功的前提下，为了缩短实验时间要注意哪些问题？

（3）液位变送器的系统误差对本实验有无实质性的影响？

（4）试分析上水箱满出或漏空的原因和解决措施。

实验 3　纯滞后对象特性测试实验（PLC）

一、实验目的

（1）熟悉纯滞后（温度）对象的数学模型及其阶跃响应曲线。

（2）根据实际测的纯滞后（温度）阶跃响应曲线，求滞后时间，分析测量元件安装位置对控制系统性能可能造成的影响。

二、实验设备

CS4000 型过程控制实验装置，PC 机、西门子 PLC S7-200，模拟量模块 EM235、上位机软件 MCGS，PC/PPI 电缆线、实验连接线。

三、实验原理

整个纯滞后系统结构如图 3.7 所示，上水箱为加热水箱，为纯滞后水箱提供热水，在加

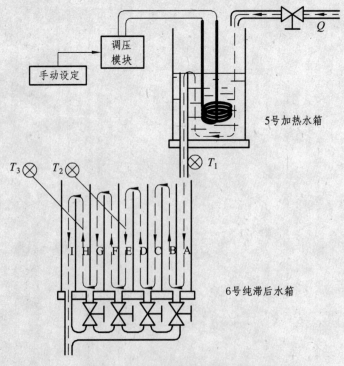

图 3.7　纯滞后系统结构示意图

热水箱的出水口即纯滞后水箱的进水口装有温度传感器。纯滞后水箱中间固定有一根有机玻璃圆柱，9 块隔板呈环形排布在圆柱周围，将整个水箱分隔为 9 个扇形区间，热水首先流入 A 区间，再由底部进入 B 区间，流过 B 区间后再由顶部进入 C 区间，再依次流过 D、E、F、G、H 最后从 I 区间流出，测温点设在 E、H 区间，当 A 区间进水水温发生变化时，各区间的水温要隔一段时间才发生变化，当水流流速稳定在 1.5 L/min 时，与进水水温 T_1 相比 E 区间的水温 T_2 滞后时间常数 τ 约为 4 min，H 区间的水温 T_3 滞后时间常数 τ 约为 8 min。各隔板的上沿均低于水箱的外沿，若水流意外过大则会漫过各隔板直接进入 I 区间再流出。

四、实验步骤

（1）关闭出水阀，将 CS4000 实验系统的储水箱灌满水（至最高限）。

（2）连接现场实验装置与 PLC，面板接线如图 3.8 所示（将加热水箱的出口水温信号送至 S7-200 小型 PLC 模拟量输入通道 0，纯滞后水箱的短滞后水温信号送至模拟量输入通道 1，纯滞后水箱的长滞后水温信号送至模拟量输入通道 2，将模拟量输出通道 0 信号送调压模块调节加热功率），连接好通讯线（PC/PPI 电缆），启动 PLC，将 PLC 程序下载到 PLC 中，并检查接口通讯是否成功。

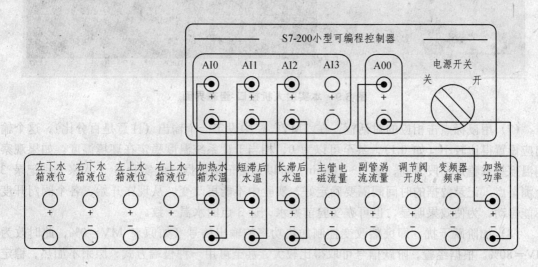

图 3.8　信号连接面板

（3）手动打开实验装置、检测仪表、丹麦泵、电动调节阀的电源开关。

（4）打开以丹麦泵、旁路阀、电磁流量计组成的动力支路至加热水箱（5 号）的进水阀门，关闭动力支路上通往其他水箱的阀门。注意调节该水箱进出水阀门的开度，要考虑到可调加热功率为 0~2.5 kW，循环水流不能够太大也不能够太小，以免影响实验效果。使该水箱水位处于溢流口上（其中是 Pt 电阻温度传感器），保持水流动态的平衡。尽管有报警装置，为防止意外烧坏加热器，实验中应该有人专门监视水位。注意调节纯滞后水箱底板的各种阀门，以便人为改变滞后时间。

（5）待加热水箱水位稳定后，打开加热器的电源开关。

（6）启动上位机组态软件，进入主画面，然后进入本实验画面（图 3.9），熟悉本实验组态软件的启动、退出、界面和基本操作。

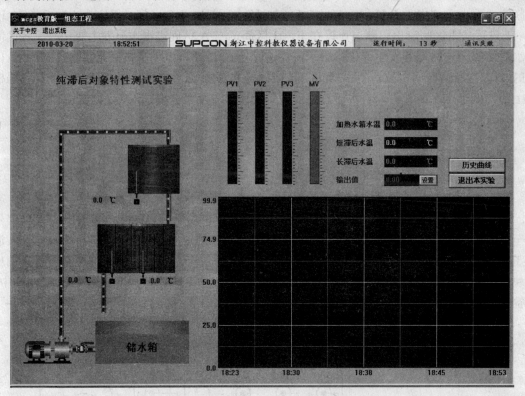

图 3.9　本实验人机接口-组态界面

（7）用鼠标点击相应的对话框，在"MV"栏中设定一个输出（注意是百分比），这个输出应设置得比较小（如 0.1），甚至可以为 0，相当于让系统温度稳定在环境温度。如果观察到温度基本稳定一段时间，如 5～10 min，可以开始记录数据，此实验需 3 人来分别记录 3 个测量点。记录数据的时间间隔要确定好，实验中不能再改变。从现在开始，各个阀门开度不能再动。为使效果明显，也可在实验前换水，让 3 点的水温一致。

（8）加阶跃干扰，即突然改变控制加热功率的输出信号（如原来 MV＝0%，此时改为 MV＝80%。根据经验，阶跃信号可取得比较大，甚至可用一种极端方式：原来不加热，稳定后加一个最大的阶跃干扰，即从 MV＝0% 到 100%，对应 0～2.5 kW。记录加干扰的时刻和 MV 改变量，同时不断记录温度随时间的变化，直到 3 点温度再次趋于稳定，从而得到阶跃响应曲线。在时间允许的情况下，可以改变阶跃干扰大小，包括正向和反向的阶跃干扰，获得不同情况下的阶跃响应曲线。

五、实验报告

（1）画出加热水箱的出口水温 T_1，纯滞后水箱的短滞后水温 T_2，纯滞后水箱的长滞后水温 T_3 的阶跃响应曲线，分析纯滞后水箱底板各种阀门对控制滞后时间的意义。

（2）求出纯滞后系统的相关参数，图 3.10 是一个参考图。

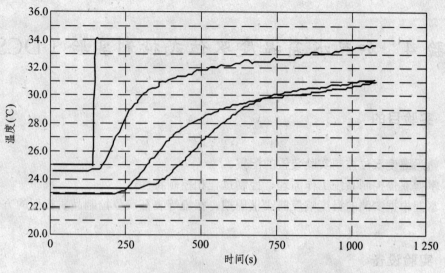

图 3.10 纯滞后温度对象特性曲线参考图

六、思考题

（1）比较加热水箱的出口水温 T_1，纯滞后水箱的短滞后水温 T_2，纯滞后水箱的长滞后水温 T_3 的相关参数，看它们之间有何联系。

（2）三测量点温度不同的原因除温度传感器安装位置外，还有一些什么原因？

（3）环境温度、风力等天气因素对本实验有什么影响？

（4）实验记录的温度阶跃响应曲线很难稳定，始终有上升的趋势（图 3.10），与系统设计和构造有什么关系吗？

实验 4 加热水箱温度双位式控制实验（DCS）

一、实验目的

（1）熟悉温度双位控制实验装置的配置。

（2）掌握双位控制系统工作原理、控制过程和控制特性。

（3）掌握根据实测的温度响应曲线求周期、振幅等表征双位控制品质指标的方法。

二、实验设备

CS4000 型过程控制实验装置，DCS 控制站、 PC 机，监控软件（AdvanTrol）。

三、实验原理

1. 温度传感器

温度测量通常采用热电阻元件（感温元件）。它是利用金属导体的电阻值随温度变化而变化的特性来进行温度测量的。其电阻值与温度的关系如下：

$$R_t = R_{t0}[1 + \alpha(t - t_0)]$$

式中：R_t——温度为 t（如室温 20 °C）时的电阻值；

R_{t0}——温度为 t_0（通常为 0 °C）时的电阻值；

α——电阻的温度系数。

可见，由于温度的变化，导致金属导体电阻的变化。因此，只要设法测出电阻值的变化，就可达到测量温度的目的。

虽然大多数金属导体的电阻值随温度的变化而变化，但是它们并不都能作为测温用的热电阻。作为热电阻材料的一般要求是：电阻温度系数大、电阻率小、热容量小；在整个测温范围内，应具有稳定的物理、化学性质和良好的重复性；电阻值随温度的变化呈线性关系。

然而，要找到完全符合上述要求的热电阻材料实际上是有困难的。根据具体情况，目前应用最广泛的热电阻材料仍是铂和铜。本实验使用铂电阻元件 Pt100，并通过温度变送器（测量电桥）将电阻值的变化转换为电压信号。

铂电阻元件是采用特殊的工艺和材料制成的，具有很高的稳定性和耐震动等特点，还具有较强的抗氧化能力。

在 $0 \sim 650\,°C$ 的温度范围内，铂电阻与温度的关系为：

$$R_t = R_{t0}(1 + At + Bt^2 + Ct^3)$$

式中　R_t——温度为 t（如室温 $20\,°C$）时的电阻值；

　　　R_{t0}——温度为 t_0（通常为 $0\,°C$）时的电阻值；

　　　A、B、C 是常数：$A = 3.908\,02 \times 10^{-3}/°C^3$，$B = -5.802 \times 10^{-7}/°C^2$，$C = -4.2735 \times 10^{-12}/°C^3$。

$R_t\text{-}t$ 的关系称为分度表。不同的测温元件用分度号来区别，如 Pt100、Cu50 等，它们都有不同的 $R_t\text{-}t$ 关系。

2. 二位式温度控制系统

二位控制是"位式控制"规律中最简单的一种，图 3.11 给出了位式控制器的特性，它有一个中间区（回坏），实质上是一个典型的非线性控制系统，执行器只有"开"或"关"两种极限工作状态，故称这种控制器为两位调节器。由于设置了中间区，当偏差在中间区内变化时，控制机构不会动作，因此执行器开关的频繁程度大为降低，延长了使用寿命。

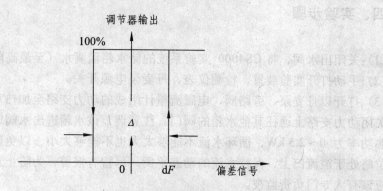

图 3.11　位式调节器的特性图

二位式控制系统的方框图如图 3.12 所示。该系统的工作原理是当被控水温 T 小于给定值时，即给定值>测量值，且差值大于 dF 时（$e = VS - VP \geqslant dF$），继电器线圈接通，常开触点变成常闭，电加热管接通 $380\,V$ 电源而加热。随着水温 T 的升高，测量值（VP）不断增大，e 相应变小。若 T 高于给定值，且差值 $e = VS - VP < -dF$，则继电器线圈断开，常闭触点变成常开，切断电加热管的供电。

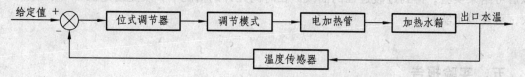

图 3.12　二位式控制系统的方框图

由过程控制原理可知，双位控制系统的输出是一个断续控制作用下的等幅振荡过程，如图 3.13 所示。因此不能用连续控制作用下的衰减振荡过程的品质指标来衡量，而用振幅和周期作为品质指标。一般要求振幅小、周期长，然而对同一双位控制系统而言，若要振幅小，则周期必然短；若要周期长，则振幅必然大。因此通过合理选择中间区以使振幅在限定范围内，而又尽可能获得较长的周期。

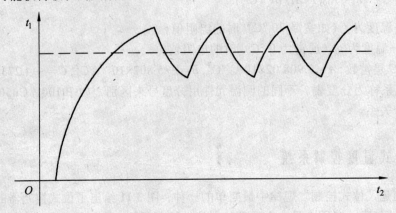

图 3.13　二位式控制器的调节过程

四、实验步骤

（1）关闭出水阀，将 CS4000 实验系统的储水箱灌满水（至最高限）。

（2）手动打开实验装置，检测仪表、丹麦泵电源开关。

（3）打开以丹麦泵、旁路阀、电磁流量计组成的动力支路至加热水箱（5 号）的进水阀门，关闭动力支路上通往其他水箱的阀门。注意调节该水箱进出水阀门的开度，要考虑到可调加热功率为 0~2.5 kW，循环水流不能够太大也不能够太小，以免影响实验效果。使该水箱水位略处于溢流口上，保持水流的动态平衡。尽管有报警，为防止意外烧坏加热器，实验中，应该有人专门负责监视。

（4）水位稳定后，打开加热器的电源开关。

（5）进入主画面，选择本实验，并点击"选择本实验"按钮，注意熟悉本实验组态软件的启动、退出、界面和基本操作。

（6）用鼠标点击相应的对话框，调节好各项参数并设定 SV 和回差 dF，注意 $SV \pm dF$ 为控温的范围；必须在室温以上并高出几度。经验参考：以室温 25 °C 为例，$SV=33$，$dF=2~3$。

（7）将操作方式拨到自动，记录温度随时间的变化，若呈等幅振荡，则在 3~5 个周期以后可结束实验，得到过渡过程的曲线。在时间允许的情况下，改变给定值 SV 或回差 dF 两次，重复以上实验。

五、实验报告

（1）画出不同 dF 时系统的过渡过程曲线，求出相应的振荡周期和振荡幅度，并根据回差画出控制范围，图 3.14 为一参考图。

（2）分析过渡过程曲线每个周期上升段和下降段的规律。

（3）综合分析二位式控制特点。

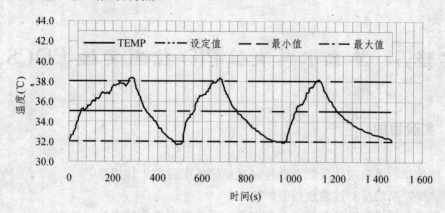

图 3.14　二位式控制过程参考图

六、思考题

（1）为什么实际的温度可能超出设置的控制范围？

（2）实验中，在确定给定值 SV 和回差 dF 时要注意些什么？

（3）为什么缩小 dF 值时，能改善双位控制系统的性能？dF 值过小有什么影响？

（4）环境温度、风力等天气因素对本实验有什么影响？

实验 5　单容水箱液位 PID 控制实验（DCS）

一、实验目的

（1）熟悉单容水箱液位反馈 PID 控制系统硬件配置和工作原理。
（2）掌握控制规律对过渡过程的影响。
（3）定性分析不同 PID 控制器参数对单容系统控制性能的影响。

二、实验设备

CS4000 型过程控制实验装置，DCS 控制站、 PC 机，监控软件（AdvanTrol）。

三、实验原理

图 3.15 为单容水箱（中上水箱）液位控制方框图，该类单回路控制系统一般指在一个调节对象上用一个控制器来保持一个参数的恒定，而控制器只接受一个测量信号，其输出也只控制一个执行机构。本实验所要保持的参数是液位的给定值，即主要任务是控制上水箱液位等于给定值所要求的高度。根据控制框图，这是一个闭环反馈单回路液位控制，在控制方案确定之后，接下来就是整定控制器的参数，因为一个单回路系统设计安装就绪之后，控制质量的好坏与控制器参数选择有着很大的关系。合适的控制参数，可以带来满意的控制效果；反之，控制器参数选择不合适，则会使控制质量变坏，达不到预期效果。一个控制系统设计好以后，系统的投运和参数整定是十分重要的工作。

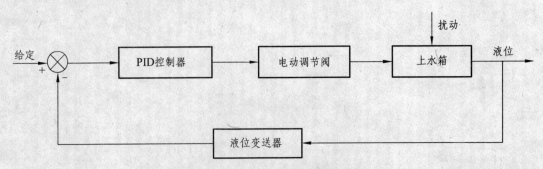

图 3.15　单容水箱液位控制方框图

一般来说，用比例（P）控制器的系统是一个有差系统，比例度δ的大小不仅会影响余差大小，而且也与系统的动态性能密切相关。包含积分作用的比例积分（PI）控制器，不仅能消除余差，而且只要参数 δ，T_i 合理，也能使系统具有良好的动态性能。比例积分微分（PID）调节器是在 PI 调节器的基础上再引入微分 D 的作用，既能消除余差，又能改善系统的动态性能（快速性、稳定性等）。但是，需要注意，并不是所有单回路控制系统在加入微分作用后都能改善系统品质，当容量滞后不大时，微分作用的效果并不明显；而对噪声敏感的流量系统，加入微分作用后，反而使流量品质变坏。对本实验，在单位阶跃作用下，P、PI、PID 控制时的阶跃响应分别如图 3.16 中的曲线①、②、③所示。

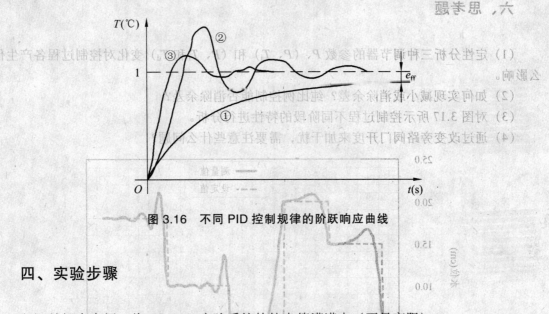

图 3.16　不同 PID 控制规律的阶跃响应曲线

四、实验步骤

（1）关闭出水阀，将 CS4000 实验系统的储水箱灌满水（至最高限）。

（2）打开以丹麦泵、电动调节阀、电磁流量计组成的动力支路至中上水箱的出水阀门，关闭动力支路上通往其他水箱的切换阀门。同时打开中上水箱的出水阀门至适当开度。

（3）手动打开实验装置、检测仪表、丹麦泵、电动调节阀的电源开关。

（4）启动 AdvanTrol V3.16 上位机组态软件，进入主画面，选择本实验，并点击"选择本实验"按钮，熟悉本实验组态软件的启动、退出、界面和基本操作。

（5）在上位机软件界面用鼠标点击调出 PID 窗体框，按下自动按钮，在"设定值"栏中输入设定的上水箱液位，按"回车"键确认。选择控制规律 P、PI 或者 PID，并设置相应的参数（比例度、积分时间和微分时间），待测量值在设定值附近基本稳定。注意，如果不加积分，则把积分时间 T_i 设为无穷大（999.99）；如果不加微分，则把微分时间 T_d 置为 0。

（6）开始记录数据，然后加干扰，即采用突然改变给定值的方法来模拟干扰（如原来给定值为 10 cm，现改为 15 cm 或 5 cm，回车）。记录该时刻，同时不断记录水位，直到新的稳态建立。如果过渡过程的质量不理想，就应该考虑调节相应的 PID 参数，尽可能得到满意的衰减振荡曲线。稳定后，通过改变旁路阀开度来加干扰，记录水位随时间的变化。

（7）改变控制规律，时间允许的情况下，对于 P、PI、PID，分别得到 2 条合理的过渡过程曲线（对应不同参数），注意待系统稳定后再做下一次试验。

五、实验报告要求

（1）画出 P 调节器控制时，不同 P 值下的阶跃响应曲线。

（2）画出 PID 控制时的阶跃响应曲线，并分析微分 D 的作用。

（3）比较 P、PI 和 PID 三种控制器对系统动态性能的影响。

六、思考题

（1）定性分析三种调节器的参数 P、（P、T_i）和（P、T_i 和 T_d）变化对控制过程各产生什么影响。

（2）如何实现减小或消除余差？纯比例控制能否消除余差？

（3）对图 3.17 所示控制过程不同阶段的特性进行分析。

（4）通过改变旁路阀门开度来加干扰，需要注意些什么问题？

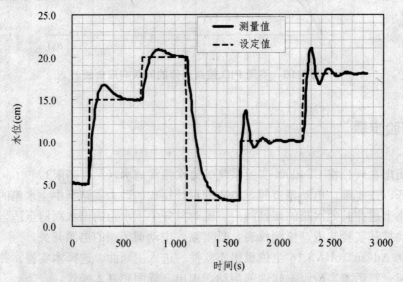

图 3.17　单容水箱液位控制过程参考图

实验 6　双容水箱液位 PID 控制实验（DCS）

一、实验目的

（1）熟悉单回路双水箱液位反馈 PID 控制系统硬件配置和工作原理。
（2）掌握控制规律对过渡过程的影响。
（3）定性分析不同 PID 控制器参数对双容系统控制性能的影响。

二、实验设备

CS4000 型过程控制实验装置，DCS 控制站、PC 机，监控软件（AdvanTrol）。

三、实验原理

图 3.18 所示为双容水箱液位控制系统方框图，也是一个单回路控制系统，与实验 5 不同，它是两个水箱串联，控制目标是使下水箱的液位等于给定值，减少或消除来自系统内部或外部扰动影响。显然，这种反馈控制系统的性能很大程度上取决于控制器的结构和参数的合理选择。理论分析可知，双容水箱为二阶对象，故系统的稳定性不如单容液位控制系统。

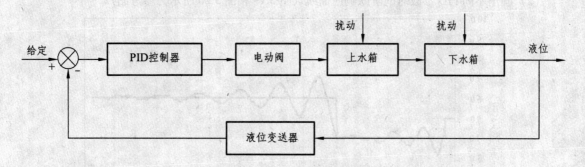

图 3.18　双容水箱液位控制系统方框图

对于阶跃输入（扰动），若用比例（P）控制器，系统有余差，且与比例度成正比；若用比例积分（PI）控制器，不仅可实现无余差，而且只要调节器的参数 δ 和 T_{i} 设置合理，也能使系统具有良好的动态性能；比例积分微分（PID）控制器是在 PI 控制器的基础上再引入微分 D 控制作用，从而实现系统无余差，还能使系统动态性能进一步改善。

四、实验步骤

(1) 关闭出水阀，将 CS4000 实验系统的储水箱灌满水（至最高限）。

(2) 打开以丹麦泵、电动调节阀、电磁流量计组成的动力支路至中上水箱-中下水箱的出水阀门，关闭动力支路上通往其他水箱的切换阀门。注意调节中上水箱进出水阀门的开度和中下水箱出水阀门的开度，避免由于漏空和满出使其变为单容的现象发生。

(3) 手动打开实验装置、检测仪表、丹麦泵、电动调节阀的电源开关。

(4) 进入主画面，选择本实验，并点击"选择本实验"按钮，熟悉本实验组态软件的启动、退出、界面和基本操作。

(5) 在上位机软件界面用鼠标点击调出 PID 窗体框，按下自动按钮，在"设定值"栏中输入设定的下水箱液位，按"回车"键确认。选择控制规律 P、PI 或者 PID，并设置相应参数（比例度、积分时间和微分时间），待测量值在设定值附近基本稳定。注意，如果不加积分，则把积分时间 T_i 设为无穷大（999.99）；如果不加微分，则把微分时间 T_d 置为 0。

(6) 开始记录下水位，然后加干扰，即采用突然改变给定值的方法来模拟干扰（如原给定值为 10 cm，现改为 15 cm 或 5 cm，回车），也可通过调节旁路阀门开度的方法来实现。记录该时刻，同时不断记录水位，直到新的稳态建立。如果过渡过程的质量不理想，就应该考虑调节相应的 PID 参数，以便得到合理的衰减振荡曲线。

(7) 改变控制规律，时间允许的情况下，对于 P、PI、PID，分别得到 2 条合理的过渡过程曲线（对应不同参数）。每做完一次实验后，必须待系统稳定后再做下一次实验。

五、实验报告要求

(1) 画出双容系统下水箱液位控制实验系统的结构图。

(2) 画出不同 PID 参数时的阶跃响应曲线（图 3.19 和图 3.20 所示为参考图）。

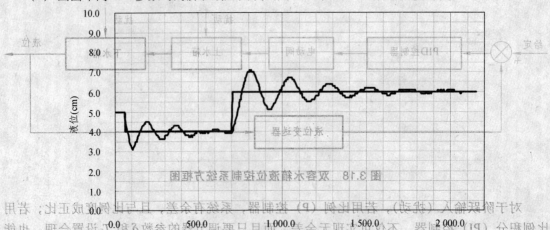

图 3.19 双容水箱液位控制过程参考图

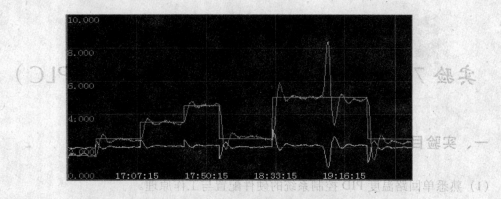

图 3.20　双容水箱液位控制过程参考图二

六、思考题

（1）为什么双容液位控制系统比单容液位控制系统难于稳定？图 3.20 中存在一个异常状况——旁路太大，在哪个位置？

（2）试用控制原理相关理论分析 PID 调节器的微分作用为何不能太大？

（3）为什么微分作用引入必须缓慢进行？这时比例 P 是否要改变？为什么？

（4）调节器参数（P、T_i 和 T_d）的改变对整个控制过程有什么影响？

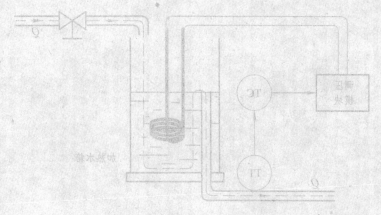

图 3.21　单回路 PID 温度控制系统示意图

实验7　加热水箱温度 PID 控制实验（PLC）

一、实验目的

（1）熟悉单回路温度 PID 控制系统的硬件配置与工作原理。
（2）掌握 P、PI、PD 和 PID 四种控制规律对温度控制系统性能的影响。
（3）观察 PID 控制中温度对象与液位对象过渡过程的异同。

二、实验设备

CS4000 型过程控制实验装置，PC 机、西门子 PLC S7-200，模拟量模块 EM235、万用表、上位机软件、PC/PPI 电缆线、实验连接线。

三、实验原理

图 3.21 为一阶单回路 PID 温度控制系统的示意图，其控制目的是使加热水箱的出口水温等于给定值。与加热水箱的二位式控制相比，PID 控制的精度更高，但需要仔细调整 PID 参数，温度控制一般调节变化较慢。该实验的方框图与实验 5 类似。

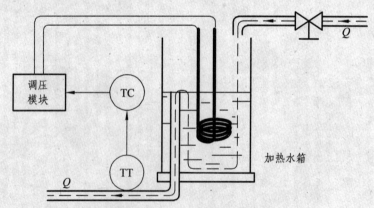

图 3.21　单回路 PID 温度控制系统示意图

四、实验步骤

（1）关闭出水阀，将 CS4000 实验系统的储水箱灌满水（至最高限）。

（2）连接实验装置与 PLC，面板接线如图 3.22 所示（将 5 号加热水箱的出口水温信号送至 S7-200 小型 PLC 模拟量输入通道 0，将模拟量输出通道 0 信号送调压模块调节加热功率）。连好通讯线（PC/PPI 电缆），启动 PLC，将 PLC 程序下载至 PLC 中，检查接口通讯情况。

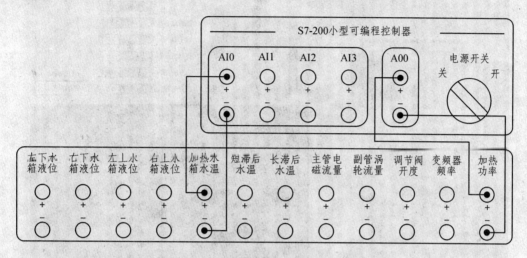

图 3.22　信号连接面板

（3）手动打开实验装置，检测仪表、丹麦泵电源开关。

（4）打开以丹麦泵、旁路阀、电磁流量计组成的动力支路至加热水箱（5 号）的进水阀门，关闭动力支路上通往其他水箱的切换阀门。注意调节该水箱进出水阀门的开度，要考虑到可调加热功率为 0～2.5 kW，循环水流不能太大也不能太小，以免影响实验效果。使该水箱水位略在溢流口上（其中是 Pt 电阻温度传感器），保持水流的动态平衡。尽管有报警，为防止意外烧坏加热器，实验中，应该有专人监视。

（5）待加热水箱水位稳定后，打开加热器的电源开关。

（6）启动上位机组态软件，进入主画面，然后进入本实验画面（图 3.23），熟悉本实验组态软件的启动、退出、界面和基本操作。

（7）用鼠标点击相应的对话框，给定一个输出（注意是百分比或者 0～1 范围），这个输出应该较小（如 0.1），甚至可以设为 0，相当于让系统温度先稳定在环境温度。如果观察到温度基本稳定一定时间，如 5～10 min，可以开始记录数据，记录数据的时间间隔要确定好，实验中不能够再改变。

（8）加阶跃干扰，即通过突然改变设定值的办法（如原来为 25 ℃，此时改为 30 ℃），同时设置 PID 控制器的参数 K_c、T_i、T_d，将工作方式设为自动。记录加干扰的时刻和温度随时间的变化，直到温度再次趋于稳定，再加干扰（如设定值又变为 25 ℃）。注意：必须在室温以上，但又不能太高（作为一个流动系统，热量不断被带走，加热功率也有限，水箱还在向外界放热，设置太高，可能导致实验失败）。在时间允许的情况下，改变阶跃干扰大小，包括正向和反向的阶跃干扰，获得不同情况下的阶跃响应曲线。在比例控制的基础上，待被调量平稳后，引入微分作用（D）。固定比例 P 值，改变微分时间常数 D 的大小，观察系统在阶跃输入作用下相应的动态响应曲线。

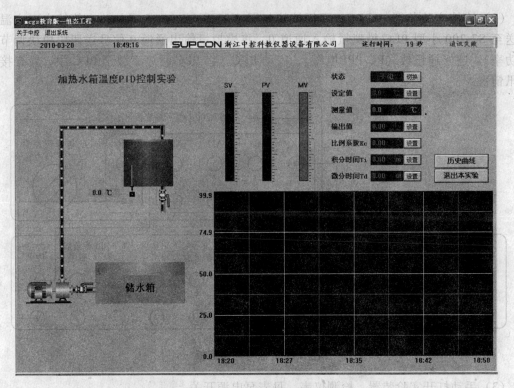

图 3.23　本实验人机接口-组态界面

五、实验报告要求

（1）画出采用比例控制时，不同 P 值对应的阶跃响应曲线。

（2）分析 PI 控制时，不同 P 和 I 值对系统性能的影响。

（3）绘制 PI、PD、PID 控制时系统的动态过程（参考图 3.24）。

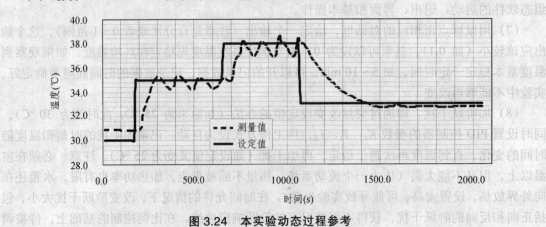

图 3.24　本实验动态过程参考

六、思考题

（1）在阶跃扰动下，用 PD 调节器控制时，系统有没有余差？为什么？

（2）在温度控制系统中，为什么用 PD 和 PID 控制，系统的性能并不比用 PI 控制有明显的改善？

（3）连续温控与断续温控有何区别？为什么？

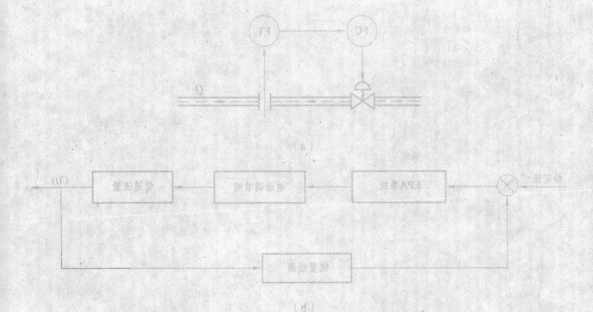

实验 8 电磁流量 PID 控制实验（DCS）

一、实验目的

（1）熟悉电磁流量计的结构及其安装方法。
（2）熟悉单回路流量 PID 控制系统的硬件配置。
（3）比较电磁流量计和涡轮流量计的不同之处。
（4）根据实验数据，比较流量 PID 控制和液位 PID 控制的异同。

二、实验设备

CS4000 型过程控制实验装置，DCS 控制站、PC 机，监控软件（AdvanTrol）。

三、实验原理

流量单回路控制系统原理比较简单，如图 2.25 所示（请参考理论课教材）。

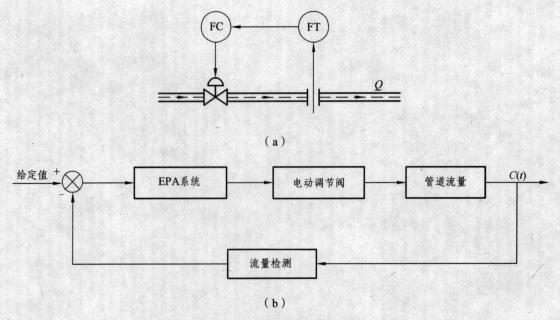

（a）

（b）

图 3.25 流量控制系统示意图

四、实验步骤

（1）关闭出水阀，将 CS4000 实验系统的储水箱灌满水（至最高限）。

（2）打开以丹麦泵、电动调节阀、电磁流量计组成的动力支路至任意一个水箱的出水阀门，关闭动力支路上通往其他水箱的切换阀门。

（3）手动打开实验装置、检测仪表、丹麦泵、电动调节阀的电源开关，启动动力支路电源（注意：此实验一定要关闭旁路）。

（4）启动上位机组态软件，进入主画面，选择本实验，并点击"选择本实验"按钮，熟悉本实验组态软件的启动、退出、界面和基本操作。

（5）在上位机软件界面用鼠标点击调出 PID 窗体框，在"设定值"栏中输入设定的流量（注意流量范围 0～8）。

（6）把积分时间常数设为一个大数，微分时间常数设为零，比例度设置为一个合适的值，即采用纯比例控制，用鼠标按下自动按钮。

（7）观察显示屏上实时响应曲线，待流量基本稳定于给定值后，加阶跃干扰（通过改变设定值的大小来实现）。经过一段时间后，系统进入新的平稳状态。记录不同比例 P 对应的系统余差和超调量。

（8）在比例控制基础上，加积分作用"I"，即把"I"（积分）设置改小，根据不同的情况，设置不同的大小。观察被控流量能否回到原设定值，以验证系统在 PI 控制下的特性。

五、实验报告要求

（1）画出纯比例控制时，不同 P 值下的阶跃响应曲线（图 3.26 为一个参考图）。

（2）分析采用 PI 控制时，过渡过程曲线的特点。

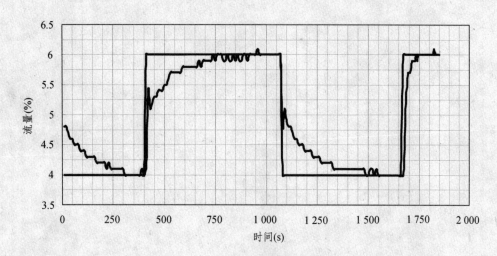

图 3.26 本实验过渡过程曲线参考

六、思考题

（1）从理论上分析调节器参数（P、T_i）的变化对控制过程产生什么影响？

（2）流量 PID 控制和液位、温度 PID 控制有什么不同？

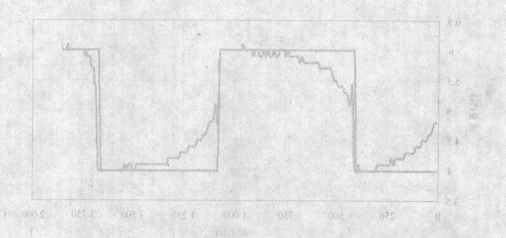

实验 9 双容水箱液位串级控制实验（DCS）

一、实验目的

（1）熟悉串级控制系统的组成和实验硬件配置。

（2）掌握串级控制系统的投运与参数整定方法。

（3）了解阶跃扰动作用在副对象和主对象时对系统主被控量的影响。

二、实验设备

CS4000 型过程控制实验装置，DCS 控制站、PC 机，监控软件（AdvanTrol）。

三、实验原理

本实验以中上水箱液位为副对象，中下水箱液位为主对象，方框图如图 3.27 所示。

本串级控制系统由 2 个控制器、2 个闭合回路和两个执行对象构成。2 个控制器分别设置在主、副回路中，设在主回路的控制器称主控制器，设在副回路的控制器称为副控制器。两个控制器串联，主控制器的输出作为副回路的给定值，副控制器的输出去控制执行元件。主对象的输出为系统的被控制量 —— 中下水箱液位，副对象的输出是一个辅助控制变量。

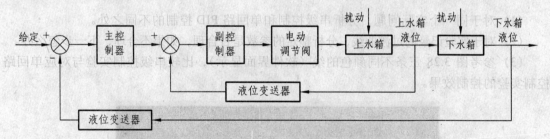

图 3.27 双容水箱液位串级控制方框图

与单回路相比，串级系统由于增加了副回路，对进入副环内的干扰具有很强的抑制作用，因此作用于副环的干扰对主被控量的影响就比较小。系统的主回路是定值控制，而副回路是随动控制。在设计串级控制系统时，一般要求系统副对象的时间常数要远小于主对象，主控制器设计成 PI 或 PID 控制器，而副控制器一般设计为比例控制，以提高副回路的快速响应。在搭实验线路时，要注意两个控制器的极性，保证主、副回路都是负反馈控制。

串级控制系统由于副回路的存在，改善了对象的特性，使等效对象的时间常数减小，系统的工作频率提高，改善了系统的动态性能，使系统的响应加快，控制及时。同时，由于串级系统具有主、副两个控制器，总放大倍数增大，系统的抗干扰能力增强，其控制质量要比单回路控制系统高。

串级控制系统的投运和整定有一步整定法，也有两步整定法，即先整定副回路，后整定主回路。

四、实验步骤

（1）关闭出水阀，将 CS4000 实验系统的储水箱灌满水（至最高限）。

（2）打开以丹麦泵、电动调节阀、电磁流量计组成的动力支路至中上水箱-中下水箱的出水阀门，关闭动力支路上通往其他水箱的切换阀门。注意调节中上水箱进出水阀门的开度和中下水箱出水阀门的开度，避免由于漏空和满出使其变为单容的现象发生。

（3）手动打开实验装置，检测仪表、丹麦泵、电动调节阀的电源开关。

（4）启动上位机组态软件，进入主画面，选择本实验，并点击"选择本实验"按钮，熟悉本实验组态软件的启动、退出、界面和基本操作。

（5）在上位机软件界面用鼠标点击调出相应的对话框，设置主副控制器参数（注意：主控制器为 PI，副控制器为 PI，但也不绝对如此）；设置中下水箱的给定值，将运行方式设为"串级"。

（6）观察一段时间，待系统稳定或者波动很小后，加干扰，即改变给定值（不能够太大），继续记录下水位随时间的变化，稳定后，通过改变旁路阀门开度来加干扰，记录下水位随时间的变化。改变干扰的大小，重复观察这一过程。

（7）改变控制器参数，以便获得相应对象的最佳参数。

五、实验报告要求

（1）对于同一个实际问题，分析串级控制和单回路 PID 控制的不同之处。

（2）对于实验记录的过渡曲线，分析整定的参数是否合理，如果不合理，下一步怎么办。

（3）参考图 3.28 三条不同颜色的线（软件界面显示），比较串级控制实验与对应单回路控制实验的控制效果。

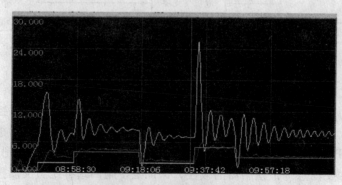

图 3.28 本实验过渡过程曲线参考

六、思考题

（1）串级控制相比于单回路控制有什么优点？

（2）串级控制是怎样提高控制质量的？

（3）分析图 3.28 中对应主副变量的两条线的波动趋势有何不同，为什么？

第四章 基于 MATLAB/Simulink 的过程控制仿真实验

实验 1 化工过程 pH 控制仿真实验

一、实验目的

（1）熟悉工业过程 pH 控制的基本原理和策略。
（2）掌握基于滴定曲线的非线性调节器的使用方法。
（3）熟悉 pH 控制系统的 Simulink 仿真方法。
（4）掌握控制系统鲁棒性分析方法。

二、软件配置

Windows XP 操作系统、MATLAB 7.0。

三、实验原理

pH 控制系统在工业，尤其是化工、食品、环保等行业，应用非常广泛。pH 控制系统就是利用酸碱的中和作用使中和后液体的 pH 在要求的范围内，pH 控制可以实现化工过程的正常生产过程、造纸厂废液达标排放等。

pH 控制系统的主要方式有三种：用一种碱（或酸）滴定另一种物质使 pH 保持在某一值上；对两种分别呈酸性和碱性物质的流量等进行控制使 pH 保持在一定值上；控制两种物质的混合溶液使之保持在一定的 pH 上。pH 控制和其他控制参数的不同主要在于：

（1）pH 滴定曲线的高度非线性；
（2）滴定过程的测量纯滞后特性。

从图 4.1 可知，溶液的 pH 随中和液流量呈现非线性变化。显然，在控制系统中将 pH 的变化转化为中和反应酸、碱的控制流量变化，是根据滴定特性曲线进行的。

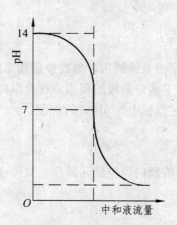

图 4.1　典型的酸碱滴定曲线

将滴定特性曲线转化为酸碱流量变化规律的方法主要有三种：

（1）利用非线性阀补偿过程的非线性。

（2）采用三段式滴定调节器，用三条相接的线段代替非线性滴定曲线。

（3）采用滴定曲线的非线性调节器精确描述滴定曲线。

随着技术的进步，利用非线性阀补偿滴定曲线非线性用得越来越少了，而基于计算功能元器件或计算机的第 2 种方法和第 3 种方法应用越来越多。为了提高控制系统的误差跟踪性能，pH 控制系统经常采用的控制策略是 PI 或 PID，不能采用 P 调节。采用滴定曲线的非线性调节器，即将滴定曲线所描述的函数关系利用现代的非线性函数器或计算机精确描述出来，尤其是利用计算机的查表或编程等手段可精确实现滴定曲线的非线性调节器。

图 4.2 所示为化工厂经常使用的废液中和处理系统，该系统针对废液的酸碱程度及浓度变化控制 NaOH 和 H_2SO_4 流量实现对废液的中和。

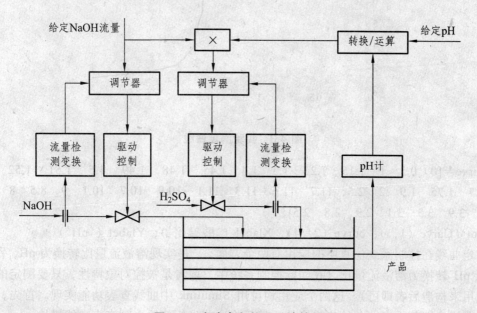

图 4.2　废液中和处理系统简图

四、实验步骤

pH 控制系统的仿真过程主要由系统辨别、参数整定和系统仿真等内容组成。pH 控制系统仿真与其他仿真的不同主要在于滴定曲线的利用。在此以图 4.2 所示的废液中和处理系统 pH 控制系统为例做仿真，要求对过程中的 pH 进行控制。

本实验的基本步骤如下：

（1）确定系统传递函数。

假设酸碱控制系统采用相同的阀门等控制元器件，其传递函数为：

$$G(s) = \frac{2}{9s+1}$$

pH 计检测传递函数为：

$$G(s) = e^{-3s}$$

（2）确定滴定曲线。

假设经滴定实验确定的滴定数据如下，其曲线如图 4.3 所示。

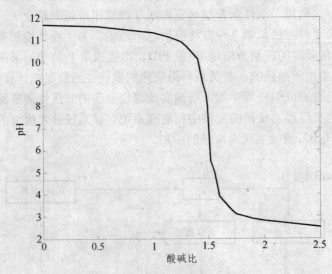

图 4.3 实验滴定曲线

Curve＝[0 0.5 1 1.15 1.25 1.3 1.4 1.45 1.48 1.49 1.5 1.51 1.52 1.55 1.6 1.7 1.75 1.9 2 2.5; 11.7 11.6 11.3 11.1 10.9 10.7 10.1 9 8.5 8 7 6 5.5 5 3.9 3.3 3.1 2.9 2.8 2.5];

Plot（Curve（1,:），curve（2,:））；Xlabel（'酸碱比'）；Ylabel（'pH'）

滴定曲线在控制系统仿真中的应用有两个方面：一是实现溶液流量比转换为 pH；另一个是实现 pH 转换为溶液流量比（在实际控制系统中，前者是被控对象特性，只要测定的滴定曲线能用来构造后者即可）。这两个应用均可用 Simulink 中曲线查表功能实现。首先，在滴定特性曲线上取若干点，并给定坐标值；然后将这些坐标值输入到查表功能模块。

（3）整定系统控制参数。

由于酸碱流量控制系统的开环被控对象的传递函数相同，故参数整定方法也相同。采用试误法整定控制系统参数，如图 4.4（a），（b）所示参数整定框图。此时可根据需要的品质指标来确定控制器参数。当 $k_p=5$，$k_I=1$ 时，系统阶跃响应如图 4.5 所示，其上半部分为阶跃响应，下半部分为阶跃输入。

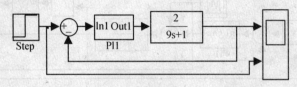

（a）Simulink 框图

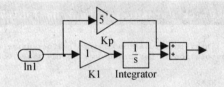

（b）参数整定控制器框图

图 4.4　参数整定框图

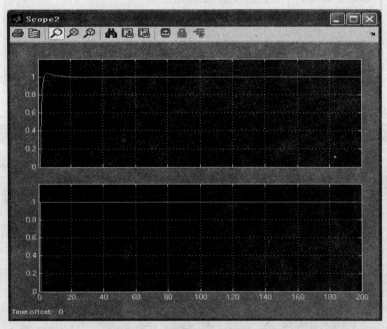

图 4.5　参数整定结果示例

（4）仿真实验设置。

假设碱的流量设定值为 10，pH 设定值为 7，系统所受干扰为幅值 0.5 的随机干扰，搭建如图 4.6 所示的系统仿真框图，参数设置如图 4.7 所示，然后运行，仔细观察各个参量的变化规律、系统跟踪过程稳定性、响应速度等。仿真参考结果如图 4.8 所示。

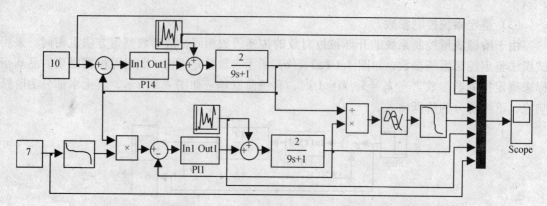

图 4.6　pH 控制系统 Simulink 框图

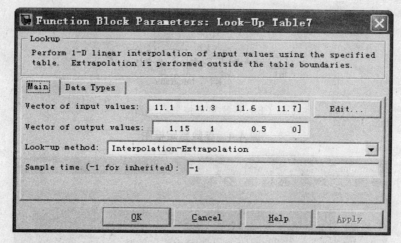

图 4.7　酸碱比和 pH 的转化

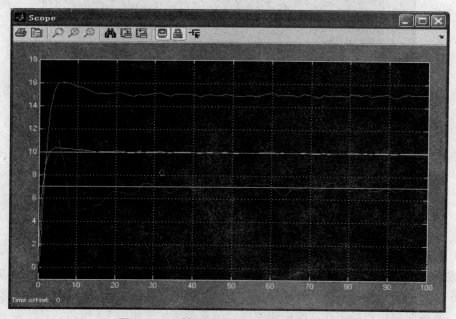

图 4.8　pH 控制系统 Simulink 仿真效果

（5）鲁棒性分析。

在图 4.6、图 4.7 中仅考虑函数延时常数变化±10%时系统鲁棒性（其他参数变化分析方法类似）。搭建如图 4.9 所示系统仿真框图，通过改变子系统参数（Constant 值调节延时，

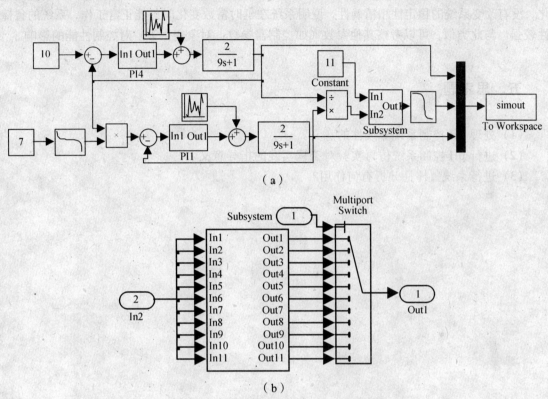

（a）

（b）

图 4.9　pH 控制系统鲁棒性分析仿真框图

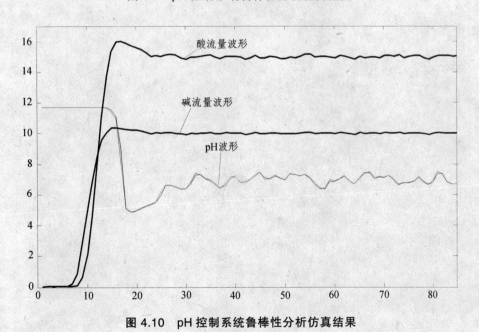

图 4.10　pH 控制系统鲁棒性分析仿真结果

在此可选择 11 个值，对应 11 个不同延时常数），观察各个波形变化，将各个 Constant 值对应的波形存储在工作空间，然后绘制在一个图中，可得到图 4.10 的仿真结果。

分析图 4.10 仿真结果并和图 4.8 对照，可见随着延时常数变化，系统各个输出没有明显变化，没有改变系统的稳定性和精确性，说明系统在延时常数变化时仍能正常工作，系统的鲁棒性较强。与此类似，可以考察其他参数（如控制器参数，对象变化等）对控制性能的影响。

五、思考题

（1）处理 pH 控制系统非线性的意义。
（2）进行 pH 控制系统仿真实验对工程实践的指导意义。
（3）进行系统鲁棒性分析有何作用？

实验 2　阶跃响应法求解对象传递模型仿真实验

一、实验目的

（1）掌握阶跃响应法求解对象传递模型的基本原理。

（2）掌握基于阶跃响应曲线确定传递模型参数的基本方法。

二、软件配置

Windows XP 操作系统、MATLAB 7.0。

三、实验原理

对象传递模型是设计控制系统的基础资料，阶跃响应法建模是实际中常用的建立对象传递模型方法，大致包括获取系统的阶跃响应和求解传递模型两个阶段。

（1）获取系统的阶跃响应。

基本步骤是：首先通过手动操作使过程工作在所需测试的稳态条件下，稳定运行一段时间后，快速改变过程的输入量（利用控制阀快速输入一个阶跃扰动 Δx，并保持不变），用记录仪或数据采集系统同时记录过程输入和输出的变化曲线，经过一段时间后，过程进入新的稳态，得到的记录曲线就是过程的阶跃响应（如控制阀开度 Δx 及被控量 y 的响应曲线）。

尽管测取阶跃响应的原理很简单，但实际过程中进行这种测试会遇到许多实际问题，例如，不能因测试而使正常生产受到严重扰动，还要尽量设法减少其他随机扰动的影响以及对系统中非线性因素的考虑等。为了得到可靠的测试结果，应注意以下几个方面：

① 合理选择阶跃扰动幅度。过小阶跃扰动幅度不能保证测试结果的可靠性，而且可能受干扰信号的影响而失去作用；而过大的扰动幅度则会使正常生产受到严重干扰甚至危及生产安全，这是不允许的，一般取扰动幅度为正常输入信号的 5%～10%。

② 试验开始前确保被控对象处于某一选定的稳定工况，试验期间应设法避免发生偶然性的其他扰动。

③ 考虑到实际被控对象的非线性，应选取不同负荷，在被控量的不同设定值下，进行多次测试，至少要获得两次基本相同的响应曲线，以排除偶然性干扰的影响。

④ 即使在同一负荷和被控量的同一设定值下，也要在正向和反向扰动下重复测试，分别测出正、反方向响应曲线，以检验对象非线性。显然，正反方向变化的响应曲线应是相同的。

⑤ 实验结束，获得测试数据后，应进行数据处理，剔除明显不合理部分。

⑥ 要特别注意记录下响应曲线的起始部分，如果这部分没有测出或者欠准确，就难以获得对象的动态特性参数。

（2）求解传递模型。

由阶跃响应曲线确定过程的数学模型，首先要根据曲线的形状，选定模型结构。大多数工业过程的动态特性是不振荡并有自衡能力。因此可假定过程近似为一阶、一阶加滞后、二阶、二阶加滞后，对于高阶系统过程可近似为二阶加滞后处理。

① 一阶惯性对象的传递函数。

一阶惯性过程相对比较简单，一阶惯性对象的阶跃响应曲线如图 4.11 所示。

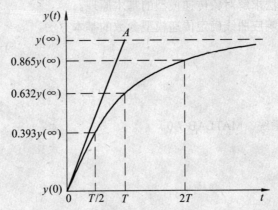

图 4.11　一阶惯性对象的阶跃响应曲线

一阶惯性对象的传递函数为：

$$G(s) = \frac{K}{Ts+1}$$

传递函数中，只需确定过程增益或放大系数 K 以及过程的时间常数 T。

由所测的阶跃响应曲线，估计并绘出被控变量的最大稳态值 $y(\infty)$，可求出放大系数 K 为：

$$K = \frac{y(\infty) - y(0)}{r}$$

式中：$y(\infty)$ 和 $y(0)$ 分别是输出的新稳态值和原稳态值；r 是阶跃信号幅值。

由图 4.11 的响应曲线起点作切线与 $y(\infty)$ 相交点在时间坐标上的投影，就是时间常数 T。切线不易作准，也可取响应曲线上满足 $y(t) = 0.632y(\infty)$ 的 t 作为 T。

② 具有纯滞后的一阶惯性对象的传递函数。

当响应曲线的起始速度较慢，曲线呈 S 形时，可近似认为是带纯滞后的一阶非周期过程，其响应曲线如图 4.12 所示。

将对象的容量滞后也当做纯滞后处理，则传递函数为：

$$G(s) = \frac{K}{Ts+1} e^{-\tau s}$$

传递函数中，须确定过程增益 K、时间常数 T 和滞后时间 τ。

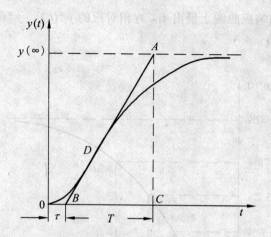

图 4.12 具有纯滞后的一阶惯性对象的 S 形阶跃响应曲线

对于 S 形的曲线，常用两种方法处理。

a. 切线法。

这是一种比较简单的方法，即通过图 4.12 中响应曲线的拐点 D 作一切线，该切线与时间轴的交点即为滞后时间 τ，与 $y(t) = y(\infty)$ 直线的交点在时间轴上的投影即为等效时间常数 T，对象的放大系数 K 与一阶惯性对象的计算相同。

b. 计算法。

对被控量 $y(t)$ 以无量纲形式的相对值表示，即

$$y*(t) = \frac{y(t)}{y(\infty)}$$

其中 $y(\infty)$ 为 $y(t)$ 的稳态值。阶跃响应无量纲形式为：

$$y*(t) = \begin{cases} 0 & t < \tau \\ 1 - e^{\left(-\frac{t-\tau}{T}\right)} & t \geqslant \tau \end{cases}$$

选择几个不同的时间 t_1、t_2、t_3 等，可得相应的 $y*(t)$，如图 4.13 所示。

由此可得在时间 t_1 和 t_2 的两个联立方程：

$$\begin{cases} y*(t_1) = 1 - e^{\left(-\frac{t_1-\tau}{T}\right)} \\ y*(t_2) = 1 - e^{\left(-\frac{t_2-\tau}{T}\right)} \end{cases} \quad (t_2 > t_1 > \tau)$$

两边取对数，然后联立解得：

$$\begin{cases} T = \dfrac{t_2 - t_1}{\ln[1 - y*(t_1)] - \ln[1 - y*(t_2)]} \\ \tau = \dfrac{t_2 \ln[1 - y*(t_1)] - t_1 \ln[1 - y*(t_2)]}{\ln[1 - y*(t_1)] - \ln[1 - y*(t_2)]} \end{cases}$$

在如图 4.13 所示的响应曲线上量出 t_1、t_2 相对应的 $y*(t_1)$、$y*(t_2)$ 值，即可按上式计算时间常数 T 及纯滞后 τ 值。

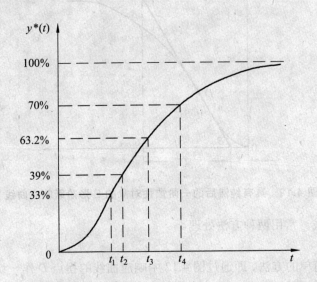

图 4.13　一阶纯滞后惯性对象的阶跃响应曲线

为计算方便，可在相对值 $y*(t)$ 曲线上选取四个配对点，即为 $y*(t_1) = 0.33$，$y*(t_2) = 0.39$，$y*(t_3) = 0.632$，$y*(t_4) = 0.7$，其相应的时间分别为 t_1、t_2、t_3、t_4 根据上式可求出两组 T 和 τ，分别为：

$$\begin{cases} T_1 = 2(t_3 - t_2) \\ \tau_1 = 2t_2 - t_3 \end{cases}, \begin{cases} T_2 = 1.25(t_4 - t_1) \\ \tau_2 = 0.5(3t_1 - t_4) \end{cases}$$

其中

$$\begin{cases} \ln(1-0.33) = \ln 0.67 = -0.4 \\ \ln(1-0.39) = \ln 0.61 = -0.494 \\ \ln(1-0.632) = \ln 0.368 = -0.9997 \\ \ln(1-0.7) = \ln 0.3 = -1.2 \end{cases}$$

注意，如果 T_1 值与 T_2 值、τ_1 值与 τ_2 值相差太大，则表示应选用二阶时延环节来近似描述；如果上述两组值都很接近，则可取平均值，即

$$\begin{cases} T_1 = \dfrac{T_1 + T_2}{2} = t_3 - t_2 + \dfrac{t_4 - t_1}{1.6} \\ \tau = \dfrac{\tau_1 + \tau_2}{2} = 0.75t_1 + t_2 - 0.5t_3 - 0.25t_4 \end{cases}$$

这样计算出来的 T 和 τ 较上述切线法得出的值更准确，而放大系数 K 仍按上法求取。

为了反映过程的动态特性，输出响应曲线上的配对点还可以取表 4.1 中的值。

表 4.1 输出响应曲线上的配对点取值

y_1	y_2	T	τ
0.284	0.632	$1.5(t_2-t_1)$	$3(t_2-t_1)/2$
0.393	0.632	$2(t_2-t_1)$	$2t_1-t_2$
0.55	0.865	$(t_2-t_1)/1.2$	$(2.5t_1-t_2)/1.5$

③ 二阶或 n 阶惯性对象的传递函数。

二阶过程的阶跃响应曲线，其传递函数可表示为：

$$G(s) = \frac{K}{(T_1s+1)(T_2s+1)} \quad (T_1 \geqslant T_2)$$

式中的 K，T_1，T_2 需从其阶跃响应曲线上求出，二阶或 n 阶惯性过程的阶跃响应曲线如图 4.14 所示。

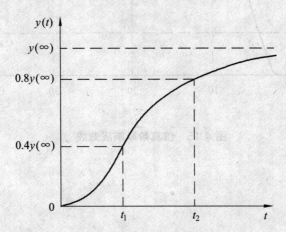

图 4.14 二阶或 n 阶惯性对象的阶跃响应曲线

在图 4.14 所示的阶跃响应曲线上取两个点，即

$y(t)_{t=t_1} = 0.4y(\infty)$ 时曲线上的点 (t_1, y_1)；

$y(t)_{t=t_2} = 0.8y(\infty)$ 时曲线上的点 (t_2, y_2)。

然后，利用下面的近似公式计算 $\dfrac{t_1}{t_2}$，放大系数 K 可用前面的方法求得。

$$\begin{cases} T_1 + T_2 \approx \dfrac{t_1+t_2}{2.16} \\ \dfrac{T_1T_2}{(T_1+T_2)^2} \approx 1.74\dfrac{t_1}{t_2} - 0.55 \end{cases}$$

a. 当 $0.32 < \dfrac{t_1}{t_2} < 0.46$ 时，对象为二阶对象。

b. 当 $\dfrac{t_1}{t_2} = 0.32$ 时，对象为一阶对象，其时间常数 $T = \dfrac{t_1+t_2}{2.12}$。

c. 当 $\dfrac{t_1}{t_2} = 0.46$ 时，对象的传递函数为 $G(s) = \dfrac{K}{(Ts+1)^2}$ ，其时间常数 $T = T_1 = T_2 = \dfrac{t_1+t_2}{4.36}$ 。

d. 当 $\dfrac{t_1}{t_2} > 0.46$ 时，则应用高于二阶的对象来近似。

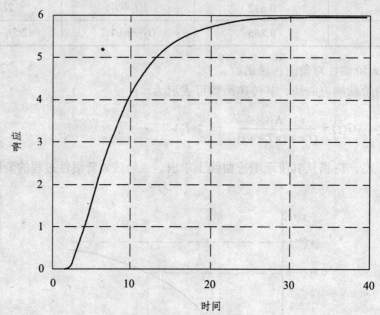

图 4.15　仿真阶跃响应曲线

四、实验步骤

（1）假设有一二阶对象，其传递函数为 $G(s) = \dfrac{6}{(5s+1)(2s+1)} e^{-2s}$ ，对应微分方程解为：

$$y(t-2) = K\left(1 + \frac{T_1}{T_2-T_1} e^{-\frac{t-\tau}{T_1}} - \frac{T_2}{T_2-T_1} e^{-\frac{t-\tau}{T_2}}\right) = 6\left(1 - \frac{5}{3} e^{-\frac{t-2}{5}} + \frac{2}{3} e^{-\frac{t-2}{2}}\right)$$ ，在 MATLAB 中用以下代码产

生如图 4.15 所示的仿真阶跃响应曲线：

t＝0：0.3：40；y＝6*（1-5/3*exp（（2-t）/5）+2/3*exp（（2-t）/2））；plot（t（7：end），y（7：end））；xlabel（'时间'）；ylabel（'响应'）；Grid on；

（2）在图 4.15 所示的阶跃响应曲线中，近似地取 $y(\infty) = 6$ ，或在工作空间中浏览 y 向量的各个元素（表 4.2 中所列为图中各点的横纵坐标），找到 $y = 0.4y(\infty) = 2.4$ 和 $y = 0.8y(\infty) = 4.8$ 的两个点 (t_1, y_1) 和 (t_2, y_2) 。得到 $t_1 = 6.6$ ， $t_2 = 12.6$ 。

表 4.12　图 4.15 中曲线上各点的横纵坐标

横坐标	6.3	6.6	⋯	12.3	12.6
纵坐标	2.234 3	2.415 8	⋯	4.748 7	4.819 7

（3）求解两个时间常数。注意，从图 4.15 容易看出有滞后时间（2），所以 $t_1 = 4.6$，$t_2 = 10.6$，$t_1/t_2 = 4.6/10.6 = 0.43$，根据前面原理部分的分析，可知为二阶对象。

$$\begin{cases} T_1 + T_2 \approx \dfrac{t_1 + t_2}{2.16} = (4.6 + 10.6)/2.16 = 7.037 \\[2mm] \dfrac{T_1 T_2}{(T_1 + T_2)^2} \approx 1.74\dfrac{t_1}{t_2} - 0.55 = 1.74 \times 0.43 - 0.55 = 0.1982 \end{cases}$$

化简得

$$\begin{cases} T_1 + T_2 = 7.037 \\ T_1 T_2 = 9.8147 \end{cases}$$

可以近似解出 $T_1 = 5$，$T_2 = 2$。这和假定的时间常数基本一致，学生也可将模型参数设置为其他值，按照以上步骤进行求解。

五、思考题

（1）深入分析原理部分求解模型参数的思路。
（2）当 $t_1/t_2 > 0.46$ 时，如何进行处理？

实验 3　Ziegler Nichols 法整定
控制器参数仿真实验

一、实验目的

（1）学会分析控制器参数对过渡过程影响的基本方法
（2）掌握 Ziegler-Nichols 法整定 PID 控制器参数。

二、软件配置

Windows XP 操作系统、MATLAB 7.0。

三、实验原理

PID 控制器的参数整定是控制系统设计的核心内容，其实质是确定 PID 控制器的比例系数、积分时间和微分时间。

PID 控制器参数整定的方法很多，概括起来有两大类：

（1）理论计算整定法。

主要依据系统的数学模型，经过理论计算确定控制器参数。这种方法所得到的计算数据未必可以直接使用，还必须通过工程实际进行调整和修改。

（2）工程整定方法。

主要有 Ziegler-Nichols 整定法、临界比例度法、衰减曲线法三种。这三种方法各有特点，其共同点都是通过试验，然后按照工程经验公式对控制器参数进行整定。但无论采用哪一种方法所得到的控制器参数，都需要在实际运行中进行最后调整与完善。

工程整定法的基本特点是：不需要事先知道过程的数学模型，直接在过程控制系统中进行现场整定；方法简单，计算简便，易于掌握。

Ziegler-Nichols 整定法是一种基于频域设计 PID 控制器的方法。基于频域的参数整定时需要参考模型，首先需要辨识出一个能较好反映被控对象频域特性的二阶模型；根据这样的模型，结合给定的性能指标可推导出公式，而后用于 PID 参数的整定。

基于频域的设计方法在一定程度上回避了精确的系统建模，而且有较为明确的物理意义，比常规的 PID 控制可适应的场合更多。目前已经有一些基于频域设计 PID 控制器的方法，如 Ziegler-Nichols 法、Cohen-coon 法等。Ziegler-Nichols 法是最常用的整定 PID 参数的方法。

Ziegler-Nichols 法根据对象的瞬态响应特性来确定 PID 控制器的参数。首先通过实验，获取控制对象如图 4.16 所示的单位阶跃响应。

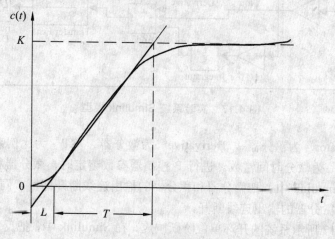

图 4.16　单位阶跃响应

如果单位阶跃响应曲线看起来像一条 S 形的曲线，则可用此法，否则不能用。S 形曲线用延时时间 L 和时间常数 T 来描述，对象传递函数可近似为：

$$\frac{C(s)}{R(s)} = \frac{Ke^{-Ls}}{Ts+1}$$

利用延时时间 L、放大系数 K 和时间常数 T，根据表 4.3 中的公式确定 K_P，T_i 和 τ 的值。

表 4.3　Ziegler-Nichols 法整定控制参数

控制器类型	比例度 $\delta/\%$	积分时间 T_i	微分时间 τ
P	$\dfrac{T}{(K \times L)}$	∞	0
PI	$0.9\dfrac{T}{(K \times L)}$	$\dfrac{L}{0.3}$	0
PID	$1.2\dfrac{T}{(K \times L)}$	$2.2L$	$0.5L$

四、实验步骤

假设有一控制系统，其开环传递函数 $G_0(s) = \dfrac{8}{(360s+1)}e^{-180s}$，试采用 Ziegler-Nichols 整定公式计算系统 P、PI、PID 控制器的参数，绘制整定后系统的单位阶跃响应曲线并进行比较。

（1）PID 参数整定是一个反复调整测试的过程，使用 Simulink 能大大简化这一过程。首先建立如图 4.17 所示的 Simulink 模型。

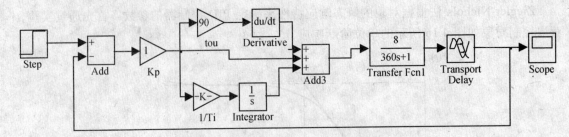

图 4.17　实验系统 Simulink 模型

图中，"Integrator"为积分器，"Derivative"为微分器，"KP"为比例系数，"1/Ti"为积分时间常数，"tou"为微分时间常数。进行 P 控制器参数整定时，微分器和积分器的输出不连到系统中，在 Simulink 中，把微分器和积分器的输出连线断开即可。同理，进行 PI 控制器参数整定时，将微分器的输出连线断开。

（2）获取图 4.17 所示系统的开环单位阶跃响应：在 Simulink 中，把反馈连线、微分器的输出连线、积分器的输出连线都断开，K_P 置为 1，选定仿真时间（注意：如果系统滞后比较大，则应相应加大仿真时间），得图 4.18 所示的 Simulink 模型。

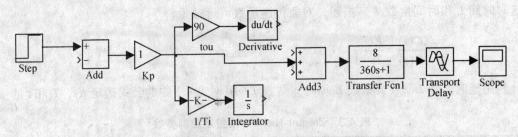

图 4.18　Simulink 开环模型

仿真运行，运行完毕后，双击"Scope"，得到如图 4.19 所示的结果。

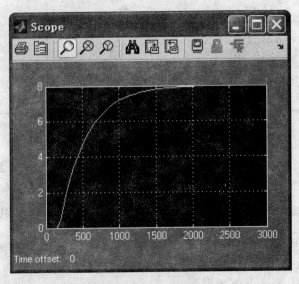

图 4.19　开环输出

（3）按照 S 形响应曲线的参数求法，由图 4.19 大致可以得到系统延时时间 L、放大系数 K 和时间常数 T：$L=180$，$T=360$，$K=8$。如果从示波器的输出不易看出这 3 个参数，可以将系统输出导入到 MATLAB 的工作空间中，然后编写响应的 M 文件求取这 3 个参数。

（4）根据表 4.3，可知 P 控制时，比例放大系数 $K_P=0.25$，如图 4.20，将 K_P 置为 0.25，仿真运行。运行完毕，双击"Scope"得到如图 4.21 所示的结果，它是 P 控制时系统的单位阶跃响应。

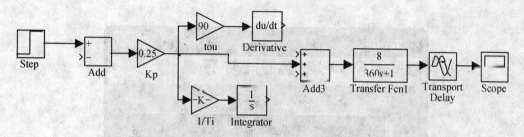

图 4.20　Simulink P 控制

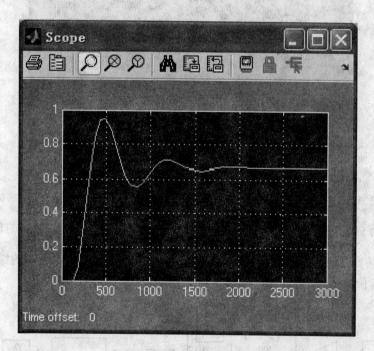

图 4.21　P 控制仿真输出

（5）根据表 4.3，可知 PI 控制时，比例放大系数 $K_P=0.225$，积分时间常数 $T_i=600$，将 K_P 置为 0.225，T_i 置为 1/600，将积分器的输出连线连上，如图 4.22 示，仿真运行。运行完毕后，双击"Scope"可得到如图 4.23 所示的结果，它是 PI 控制时系统的单位阶跃响应。

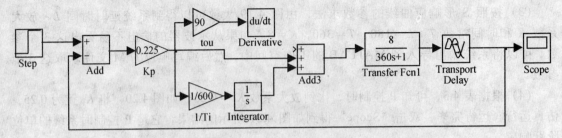

图 4.22　Simulink PI 控制

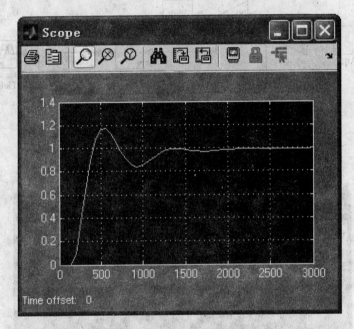

图 4.23　PI 控制仿真输出

（6）根据表 4.3，可知 PID 控制时，比例放大系数 $K_P = 0.3$，积分时间常数为 $T_i = 396$，微分时间常数为 90，将 K_P 置为 0.3，$1/T_i$ 置为 $\dfrac{1}{396}$，tou 置为 90，将微分器的输出连线连上，如图 4.24 示，仿真运行。运行完毕后，双击"Scope"可得如图 4.25 所示的结果，它是 PID 控制时系统的单位阶跃响应。

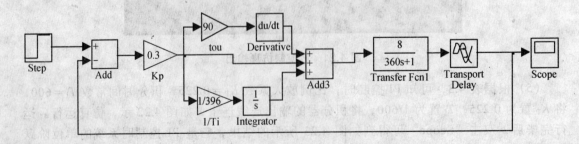

图 4.24　Simulink PID 控制

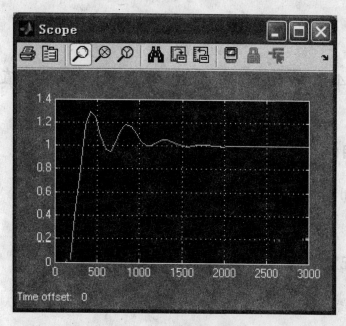

图 4.25 PID 控制仿真输出

由图 4.21、图 4.23 和图 4.25 对比可以看出，P 控制和 PI 控制两者的响应速度基本相同，因为这两种控制的比例系数不同，因此系统稳定的输出值不同。PI 控制的超调量比 P 控制的要小，PID 控制比 P 控制和 PI 控制的响应速度要快，但是超调量大些。

五、思考题

（1）比较 P 控制、PI 控制、PID 控制时的控制器参数及控制品质的差别。
（2）比较 Ziegler-Nichols 整定法、临界比例度法、衰减曲线法的差别。

实验 4 单闭环流量比值控制系统仿真实验

一、实验目的

（1）熟悉单闭环比值控制系统。
（2）学习整定控制器参数的临界比例度法。

二、软件配置

Windows XP 操作系统、MATLAB 7.0。

三、实验原理

单闭环比值控制系统是在保持主动量和从动量比值关系的前提下，构成从动量闭合回路，使从动量跟随主动量变化。单闭环比值控制系统只控制从动量变化而对主动量变化未加控制，适用于主动量变化不大的场合。对于跟随主动量变化控制给定值的从动量随动控制系统，期望系统响应快些，一般整定为非周期过程。选择 PI 控制方式。图 4.26 所示就是流量单闭环比值控制系统。

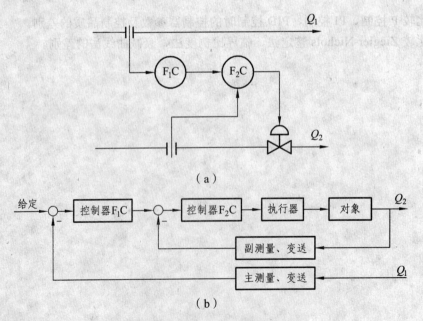

（a）

（b）

图 4.26　流量单闭环比值控制系统

四、实验步骤

若需要设计一流量比值控制系统，其从动量传递函数为 $G(s) = \dfrac{3}{145s+1} \cdot e^{-5t}$，试设计该从动对象的单闭环比值控制系统。

（1）分析从动量无调节器的开环系统的稳定性。

由控制理论知，开环稳定性分析是系统校正的前提。系统稳定性的分析可利用 Bode 图进行，编制 MATLAB Bode 图绘制程序（M-file）如下：

clear all; close all; T1＝15; K0＝3; tao＝5; num＝[K0]; den1＝[T1, 1];

G1＝tf (num, den1, 'inputdelay', tao); margin (G1)

执行程序得系统 Bode 图（图 4.27），可见系统稳定、稳定裕量为 7.05，对应增益为 0.095 9。

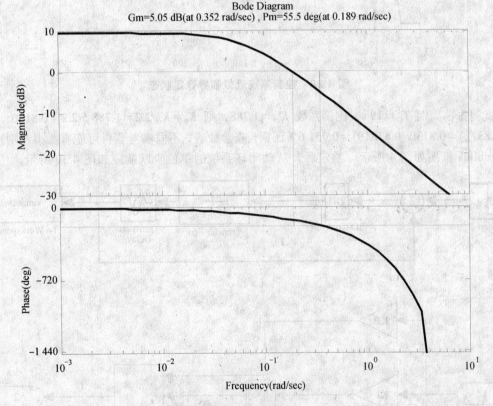

图 4.27　控制系统 Bode

（2）选择从动量控制器形式及整定其参数。

根据工程整定的论述，选择 PI 形式的控制器，即：$G_C(s) = K_P + \dfrac{K_I}{S}$，系统控制框图如图 4.26 所示。采用稳定边界（临界比例度）法定系统。先让 $K_I＝0$，调整 K_P 使系统等幅振荡。由稳定性分析图（图 4.28）知 $5.05 = 20\lg K_{cr}$ 在 $K_P = K_{cr} = 1.788\ 5$ 时系统处于临界稳定状态（注意仿真参数配置，每两点间隔 5 s）。

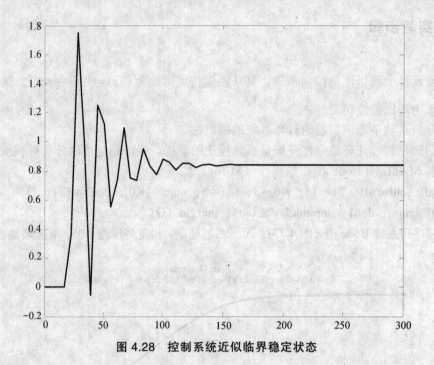

图 4.28　控制系统近似临界稳定状态

此时振荡周期 $T_{cr}=19\ \text{s}$，比例系数 $K_{cr}=1.788$，则 $K_p=K_{cr}/2.2=1.788\ 5/2.2=0.813\ 0$；$K_I=K_p/(0.83T_{cr})=0.813\ 0/(0.83×19)=0.051\ 6$（注意：查参数表，不同参考资料可能有微小差别）。系统 Simulink 框图如图 4 所示，整定后，从动闭环系统的单位阶跃响应如图 4.30 所示。

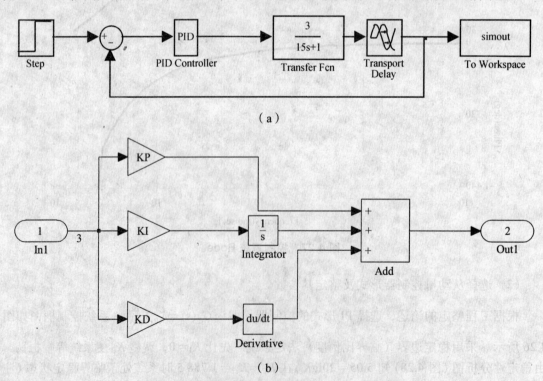

（a）

（b）

图 4.29　控制系统稳定边界整定法 Simulink 框图

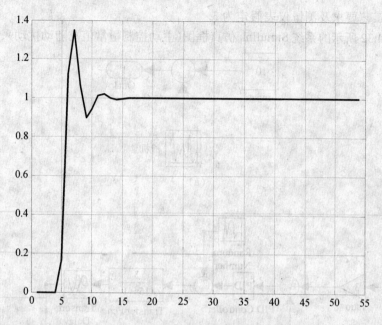

图 4.30 整定后从动闭环系统的单位阶跃响应

从图 4.30 可见系统有 25%～30%的超调量，在比值控制中应进一步调整使之处于振荡与不振荡的边界。调节当 $K_P=0.3$，$K_I=0.02$ 时，系统响应如图 4.31 所示，基本达到振荡临界要求。

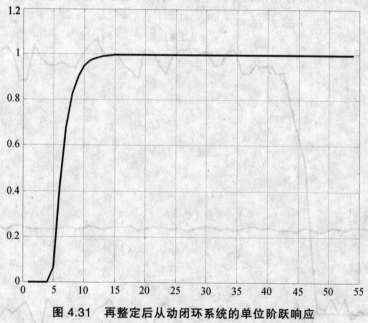

图 4.31 再整定后从动闭环系统的单位阶跃响应

（3）系统控制过程仿真。

单闭环比值控制过程相当于从动量随主动量变化的随动控制过程。假定主动量由一常值 10 加幅度为 0.3 的随动扰动构成，从动量受均值为 0、方差为 1 的随机干扰。主动量和从动量的比值根据工艺要求及测量仪表假定为 3.

搭建如图 4.32 所示的系统 Simulink 仿真框图(主动控制量常值及随动扰动采用封装形式)。

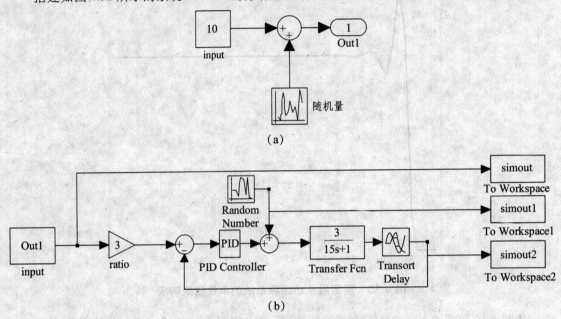

图 4.32　系统 Simulink 仿真框图及随动扰动封装结构

Simulink 运行的 3 个信号输入到工作空间,再同时显示,如图 4.33 所示。可见除初始时

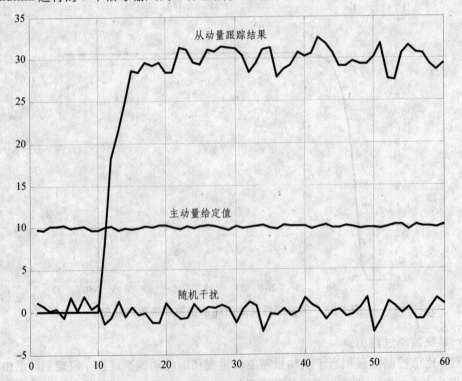

图 4.33　单闭环比值控制系统 Simulink 仿真结果

间延迟外，从动量较好的跟随主动量变化而变化，并基本维持比值 3，有效地克服了主动量和从动量的扰动。

五、思考题

（1）和其他控制系统相比，流量控制有什么特点？

（2）试根据框图比较单闭环流量比值控制系统和串级控制系统的异同。

实验 5 　前馈-反馈复合控制系统仿真实验

一、实验目的

（1）熟悉前馈-反馈复合控制系统的基本原理。

（2）掌握前馈-反馈复合控制系统仿真方法。

（3）掌握前馈-反馈复合控制系统鲁棒性分析方法。

二、软件配置

Windows XP 操作系统、MATLAB 7.0。

三、实验原理

前馈-反馈复合控制系统是将前馈、反馈控制组合起来，取长补短，其的特点是利用前馈抑制对系统影响较大的干扰，利用反馈控制抑制其他干扰以及前馈所"遗留"的部分干扰。为了实现系统无余差，反馈调节器多选择 PI 控制方式。图 4.34 所示为换热器前馈-反馈控制系统及方框图。

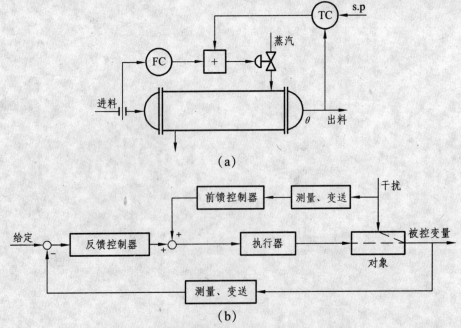

（a）

（b）

图 4.34　换热器前馈-反馈控制系统及方框图

四、实验步骤

前馈反馈复合控制系统仿真主要包括：系统识别、控制系统整定和系统仿真等。其中控制系统整定包括前馈控制系统整定和反馈控制系统整定两部分。本实验采用前馈、反馈分别整定的方法。假设被控对象传递函数中各部分传递函数如下：

干扰通道传递函数为：

$$G_f(s)G_2(s) = \frac{15}{(8s+1)(10s+1)}e^{-10s}$$

系统被控部分传递函数为：

$$G_1(s)G_2(s) = \frac{6}{(5s+1)(10s+1)}e^{-8s}$$

给定部分传递函数为：

$$G_c(s) = 1$$

（1）前馈控制系统整定。

采用工程上常用前馈控制器，传递函数为 $G_d = -K_d \dfrac{T_{d1}s+1}{T_{d2}s+1}$，包括一个静态前馈系数和两个时间常数。为简便，设已得 $K_d = -2.5$，$T_{d1} = 5$，$T_{d2} = 8$。若系统采用 PID 控制，则可搭建如图 4.35 所示的系统结构框图。

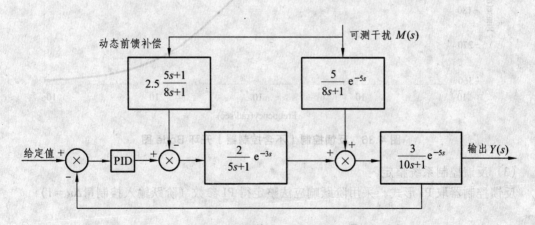

图 4.35　前馈-反馈复合控制系统框图

（2）反馈控制系统前向通道稳定性分析。

系统稳定性分析是实验调试中正确把握试验方法、试验参数的基本依据。对图 4.34 所示系统反馈环节中开环稳定性分析（不含 PID 调节器部分），为分析方便，取：

$$e^{-3s} = \frac{1}{e^{3s}} \approx \frac{1}{1+3s} , \quad e^{-5s} = \frac{1}{e^{5s}} \approx \frac{1}{1+5s}$$

不含 PID 调节器的开环传递函数可近似写成：

$$\frac{6}{(3s+1)(5s+1)^2(10s+1)}$$

用语句 margin（zpk（[]，[-1/3 -1/5 -1/5 -1/10]，6/750））可得开环 Bode 图（图 4.36 所示），可见开环系统不稳定。

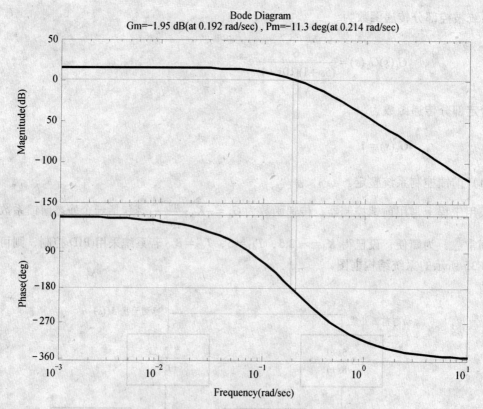

图 4.36　反馈控制（不含控制器）开环 Bode 图

（3）反馈控制系统整定。

反馈控制器取 PI 形式。采用阶跃响应法整定得 PI 参数（阶跃输入控制量 $\Delta u = 1$）：

$$K_P = \frac{0.9 \cdot \Delta u \cdot T}{\Delta y \cdot L} = 0.29 , \quad K_I = \frac{K_P}{3L} = 0.009$$

（4）系统仿真。

利用各整定参数及系统模型辨识结果构建如图 4.37 所示的前馈-反馈复合控制 Simulink 框图，仿真结果如图 4.38 所示。

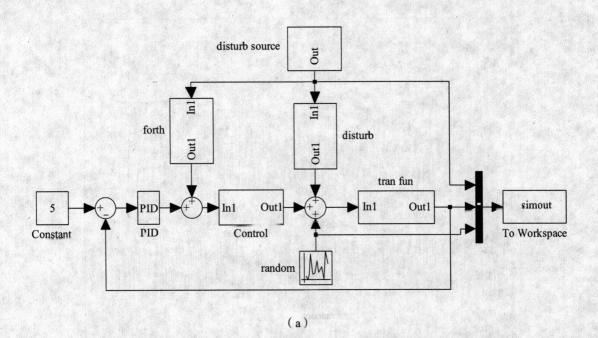

（a）

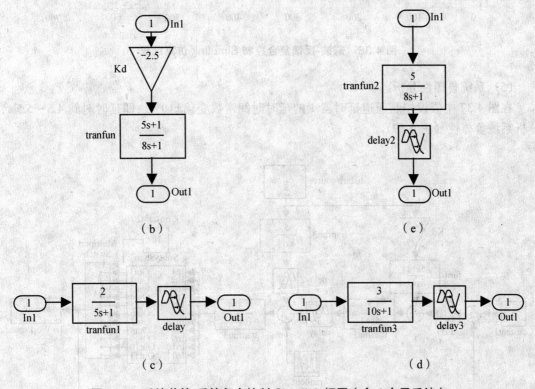

（b）　　　　　　　　　　　（e）

（c）　　　　　　　　　　　（d）

图 4.37　系统前馈-反馈复合控制 Simulink 框图（含 4 个子系统）

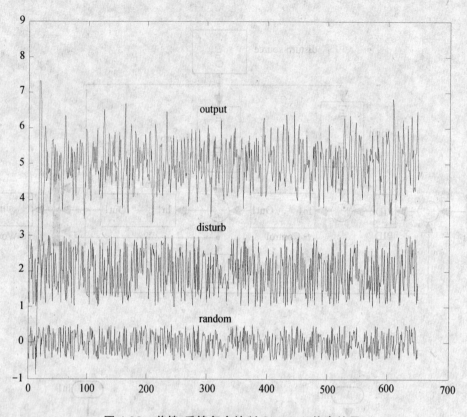

图 4.38　前馈-反馈复合控制 Simulink 仿真结果

（5）系统鲁棒性分析。

在图 4.37 中假设控制通道延时器 1 的延时时间常数变化±10%，即延时时间 4.5～5.5 s，分析系统鲁棒性（图 4.39）。

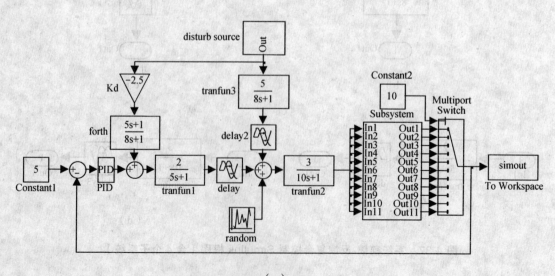

（a）

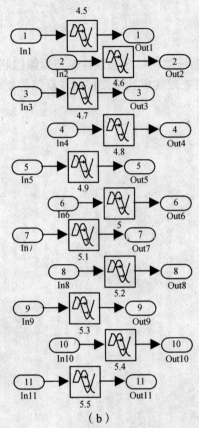

（b）

图 4.39　系统鲁棒性分析仿真框图

　　由图 4.40 可见，随着延时环节的变化，系统响应信号波形有一定变化，但信号幅度变化较小，说明系统在延时发生 10%变化时仍能正常工作，系统鲁棒性较强。

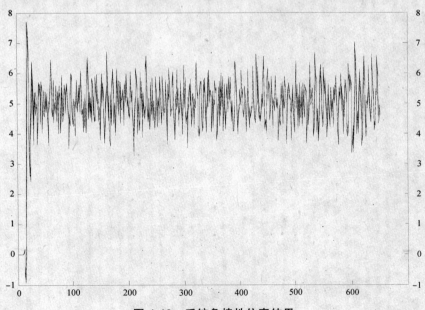

图 4.40　系统鲁棒性仿真结果

五、思考题

（1）前馈-反馈复合控制系统如何综合前馈控制与反馈控制的优点？

（2）试通过改变仿真框图来观察单独前馈控制或反馈控制的效果。

实验 6　对角矩阵解耦控制系统仿真实验

一、实验目的

（1）熟悉解耦控制系统的基本原理。
（2）掌握对角矩阵解耦控制系统的实现方法。
（3）熟悉解耦控制 Simulink 仿真方法。
（4）掌握控制系统鲁棒性分析方法。

二、软件配置

Windows XP 操作系统、MATLAB 7.0。

三、实验原理

解耦控制系统一般都是多输入多输出（MIMO）系统，而且输入和输出之间的关系是复杂的耦合，一个输入量影响多个输出量，一个输出量受多个输入量的影响。当多输入多输出系统中输入输出相互耦合较强时，系统不能简单地简化为多个单回路控制系统，此时应采取相应的解耦措施，之后再对系统采取适当的控制措施。多输入多输出系统中，输入和输出的耦合程度可用"相对增益"描述。图 4.41 所示为一 $n{\times}n$ 被控过程，其中操作变量与被控变量的数目均为 n。

图 4.41　$n{\times}n$ 被控过程

对于通道 $u_j\text{-}y_i$，先定义开环增益

$$K_{ij} = \frac{\partial y_i}{\partial u_j}\bigg|_{\Delta u_e = 0}$$

式中：$\Delta u_e = 0$ 表示除 u_j 外其他操作变量均不变。

再定义闭环增益

$$K'_{ij} = \frac{\partial y_i}{\partial u_j}\bigg|_{\Delta u_e = 0}$$

式中：$\Delta y_e = 0$ 表示除 y_i 外其他的被控变量均不变，它表示除通道 u_j-y_i 外，其他通道均投入闭环运行，系统稳定，且除 y_i 外其他被控变量均不存在余差。

由上两式，定义通道 u_j-y_i 的相对增益为

$$\lambda_{ij} = \frac{K_{ij}}{K'_{ij}} = \frac{\dfrac{\partial y_i}{\partial u_j}\bigg|_{\Delta u_e = 0}}{\dfrac{\partial y_i}{\partial u_j}\bigg|_{\Delta y_e = 0}}$$

而相对增益矩阵定义为

$$\boldsymbol{\Lambda} = \begin{array}{c} y_1 \\ y_2 \\ \vdots \\ y_i \\ \vdots \\ y_n \end{array} \begin{bmatrix} u_1 & u_2 & \cdots & u_j & \cdots & u_n \\ \lambda_{11} & \lambda_{12} & \cdots & \lambda_{1j} & \cdots & \lambda_{1n} \\ \lambda_{22} & \lambda_{22} & \cdots & \lambda_{2j} & \cdots & \lambda_{2n} \\ \vdots & \vdots & & \vdots & & \vdots \\ \lambda_{i1} & \lambda_{i2} & \cdots & \lambda_{ij} & \cdots & \lambda_{in} \\ \vdots & \vdots & & \vdots & & \vdots \\ \lambda_{n1} & \lambda_{n2} & \cdots & \lambda_{nj} & \cdots & \lambda_{nn} \end{bmatrix}$$

相对增益的确定方法主要有实验法、解析法和间接法三种。

（1）实验法：按定义求取相对增益的方法，该方法的求解完全依据定义进行。

利用实验法求第一放大系数比较易于实现。求第二放大系数时，要保持某个输出变化，其他输出不变，在大多数实际系统中不可行。因此，实验法在实际使用中有较大困难，甚至在实际的过程对象中难以进行。

（2）解析法：解析法是基于被控过程的工作原理，通过对输入、输出数学关系的变换和推导，求得相对增益的方法。

（3）间接法：上述实验法在实际使用中受到限制，难于实际应用；解析法由于计算量较大，在使用中显得较为繁琐；而间接法是通过相对增益与第一放大系数的关系，利用第一放大系数求得相对增益的方法，相对较为实用。

对于低维的多变量系统，可直接根据相对增益的定义进行计算。以 2×2 系统为例，假设对象的稳态模型为

$$\begin{bmatrix} y_1 \\ y_2 \end{bmatrix} = \begin{bmatrix} K_{11} & K_{12} \\ K_{21} & K_{22} \end{bmatrix} \begin{bmatrix} u_1 \\ u_2 \end{bmatrix}$$

先计算通道 $u_1 - y_1$ 的相对增益 λ_{11}，由定义可知其开环增益即为 K_{11}，下面计算其闭环增益

$$K'_{11} = \left. \frac{\partial y_1}{\partial u_1} \right|_{\Delta y_2 = 0}$$

由 $\Delta y_2 = 0$，得到

$$K_{21}\Delta u_{1_1} + K_{22}\Delta u_2 = 0 \text{ 或 } \Delta u_2 = -\frac{K_{21}}{K_{22}}\Delta u_1$$

因此，

$$\Delta y_1 = K_{11}\Delta u_1 + K_{12}\Delta u_2 = \left(K_{11} - \frac{K_{12}K_{21}}{K_{22}} \right)\Delta u_1$$

因而

$$\lambda_{11} = \frac{K_{11}}{K'_{11}} = \frac{K_{11}}{K_{11} - \dfrac{K_{12}K_{21}}{K_{22}}} = \frac{1}{1 - \dfrac{K_{12}K_{21}}{K_{11}K_{22}}}$$

同理可得

$$\lambda_{12} = \frac{K_{12}}{K'_{12}} = \frac{K_{12}}{K_{12} - \dfrac{K_{11}K_{22}}{K_{21}}} = \frac{1}{1 - \dfrac{K_{11}K_{22}}{K_{12}K_{21}}}$$

$$\lambda_{21} = \frac{K_{21}}{K'_{21}} = \frac{K_{21}}{K_{21} - \dfrac{K_{11}K_{22}}{K_{12}}} = \frac{1}{1 - \dfrac{K_{11}K_{22}}{K_{12}K_{21}}}$$

$$\lambda_{22} = \frac{K_{22}}{K'_{22}} = \frac{K_{22}}{K_{22} - \dfrac{K_{12}K_{21}}{K_{11}}} = \frac{1}{1 - \dfrac{K_{12}K_{21}}{K_{11}K_{22}}}$$

由此可见，只要知道多变量系统的开环增益矩阵，就可以计算其闭环增益，进而得到相对增益矩阵。然而，上述计算方法并不适用于高维的 MIMO 系统。为此，下面针对一般的多变量系统，讨论相对增益矩阵的计算方法。

对于 $n\times n$ 多变量被控系统，假设其稳态模型为

$$\begin{bmatrix} y_1 \\ y_2 \\ \vdots \\ y_n \end{bmatrix} = \begin{bmatrix} k_{11} & k_{12} & \cdots & k_{1n} \\ k_{21} & k_{22} & \cdots & k_{2n} \\ \vdots & \vdots & & \vdots \\ k_{n1} & k_{n2} & \cdots & k_{nn} \end{bmatrix} \begin{bmatrix} u_1 \\ u_2 \\ \vdots \\ u_n \end{bmatrix}$$

对通道 u_j-y_i 而言，其开环增益即为 K_{ij}。为计算其闭环增益，假设稳态增益矩阵 $\boldsymbol{K} = \{K_{ij} \mid i, j = 1, \cdots, n\}$ 可逆，则由上式可得到

$$\begin{bmatrix} u_1 \\ u_2 \\ \vdots \\ u_n \end{bmatrix} = \begin{bmatrix} H_{11} & H_{12} & \cdots & H_{1n} \\ H_{21} & H_{22} & \cdots & H_{2n} \\ \vdots & \vdots & & \vdots \\ H_{n1} & H_{n2} & \cdots & H_{nn} \end{bmatrix} \begin{bmatrix} y_1 \\ y_2 \\ \vdots \\ y_n \end{bmatrix}$$

式中：$\boldsymbol{H} = \boldsymbol{K}^{-1}$，其元素的物理意义为

$$H_{ji} = \left. \frac{\partial u_j}{\partial y_i} \right|_{\Delta y_e = 0} = \frac{1}{\left. \dfrac{\partial y_i}{\partial u_j} \right|_{\Delta y_e = 0}} = \frac{1}{K'_{ij}}$$

由相对增益的定义式，可得到

$$\lambda_{ij} = \frac{K_{ij}}{K'_{ij}} = K_{ij} \cdot H_{ji}$$

由此可见，相对增益矩阵 $\boldsymbol{\Lambda}$ 可表示成增益矩阵 $\boldsymbol{K}$ 中每个元素与逆矩阵 $\boldsymbol{H} = \boldsymbol{K}^{-1}$ 的转置矩阵中相应元素的乘积（点积），即

$$\boldsymbol{\Lambda} = \boldsymbol{K} * (\boldsymbol{K}^{-1})^{\mathrm{T}}$$

假设有一 3×3 多变量系统，其开环增益矩阵为

$$\boldsymbol{K} = \begin{bmatrix} 0.58 & -0.36 & -0.36 \\ 0.073 & -0.061 & 0 \\ 1 & 1 & 1 \end{bmatrix}$$

则

$$\boldsymbol{H} = \boldsymbol{K}^{-1} = \begin{bmatrix} 1.0638 & 1 & 0.3830 \\ 1.2731 & -16.3934 & 0.4583 \\ -2.3396 & -16.3934 & 0.1587 \end{bmatrix}$$

而矩阵相对增益为

$$\boldsymbol{\Lambda} = \boldsymbol{K} \cdot \boldsymbol{H}^{\mathrm{T}} = \begin{bmatrix} 0.617 & -0.4583 & 0.8413 \\ 0 & 1 & 0 \\ 0.383 & 0.4583 & 0.1587 \end{bmatrix}$$

由上述算例可知：相对增益矩阵行列的代数和均为 1。事实上这一性质适合于一般的 $n \times n$ 多变量系统。

基于这一性质，为求出整个矩阵所需要计算的元素就可相应地减少，例如，对一个 2×2 系统，只需要求出 λ_{11}，因为 $\lambda_{11} = \lambda_{22}$，而其余元素可利用上述性质求取；而 3×3 系统，只需计算出其中的 4 个相对增益系数，其余元素可以利用上述性质来求取。

此外，这个性质表明：相对增益各元素之间存在着一定的组合关系，例如，在一个给定的行或列中，若不存在负数，则所有的元素都将在 0 和 1 之间；反之，如果出现一个比 1 大的元素，则在同一行或列中必有一个负数。由此可见，相对增益可以在一个很大的范围内变化。显然，不同的相对增益正好反映了系统中的不同耦合程度。

由相对增益定义式 $\lambda_{ij} = \dfrac{K_{ij}}{K'_{ij}}$，可知

$$K'_{ij} = K_{ij} \times \frac{1}{\lambda_{ij}}$$

上式表明：当其他回路均为"手动"时，假设通道 u_j-y_i 的静态增益为 K_{ij}；而当其他回路均投入"自动"运行时，该通道的静态增益为原来的 $\dfrac{1}{\lambda_{ij}}$ 倍。

若选择 u_j 作为被控变量 y_i 的操作变量，关于相对增益有如下几点结论。

（1）当相对增益接近于 1 时，表明其他通道对该通道的关联作用较小。

（2）当相对增益小于零或接近于零时，说明使用本通道的控制回路无法得到良好的控制效果，假设当其他回路均为"手动"时，该回路为负反馈；而当其他回路投入"自动"时，该回路即将成为正反馈系统。换句话说，这个通道的变量匹配不适当，应重新选择。

（3）当相对增益在 $0 \sim 0.7$ 或大于 2.0 时，表明其他通道对该通道的关联作用较大，需要重新进行变量配对或引入解耦措施。

对角矩阵解耦控制是一种常见的解耦控制方法，尤其对复杂系统应用非常广泛。其目的是通过在控制系统附加一矩阵，使该矩阵与对象特征矩阵的乘积所构成的广义对象矩阵成为对角矩阵，从而实现系统解耦。

仍以双输入双输出过程为例说明对角矩阵解耦控制系统的结构（图 4.42）。

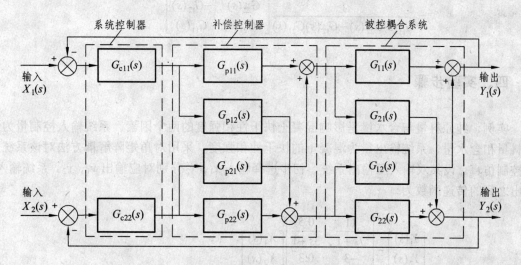

图 4.42 对角解耦控制系统

由图 4.42 可以看出，当

$$\begin{bmatrix} G_{11}(s) & G_{21}(s) \\ G_{21}(s) & G_{22}(s) \end{bmatrix} \begin{bmatrix} G_{p11} & G_{p12} \\ G_{p21} & G_{p22} \end{bmatrix} = \begin{bmatrix} G_{11}(s) & 0 \\ 0 & G_{22}(s) \end{bmatrix}$$

时，系统就实现了解耦。再设对象数学模型矩阵非奇异，即 $\begin{bmatrix} G_{11}(s) & G_{21}(s) \\ G_{21}(s) & G_{22}(s) \end{bmatrix} \neq 0$，则解耦补偿矩阵为：

$$\begin{bmatrix} G_{p11}(s) & G_{p12}(s) \\ G_{p21}(s) & G_{p22}(s) \end{bmatrix}$$

$$= \begin{bmatrix} G_{p11}(s) & G_{p12}(s) \\ G_{p21}(s) & G_{p22}(s) \end{bmatrix}^{-1} \begin{bmatrix} G_{p11}(s) & 0 \\ 0 & G_{p22}(s) \end{bmatrix}$$

$$= \frac{1}{G_{11}(s)G_{22}(s) - G_{12}(s)G_{21}(s)} \begin{bmatrix} G_{11}(s)G_{22}(s) & -G_{12}(s)G_{22}(s) \\ -G_{11}(s)G_{21}(s) & G_{11}(s)G_{22}(s) \end{bmatrix}$$

单位矩阵解耦法是对角矩阵解耦法的一种特例——解耦矩阵与对象特征矩阵乘积所构成的广义对象矩阵为单位矩阵，即：

$$\begin{bmatrix} G_{11}(s) & G_{12}(s) \\ G_{21}(s) & G_{22}(s) \end{bmatrix} \begin{bmatrix} G_{p11}(s) & G_{p12}(s) \\ G_{p21}(s) & G_{p22}(s) \end{bmatrix} = \begin{bmatrix} 1 & 0 \\ 0 & 1 \end{bmatrix}$$

解耦补偿矩阵为：

$$\begin{bmatrix} G_{p11}(s) & G_{p12}(s) \\ G_{p21}(s) & G_{p22}(s) \end{bmatrix}$$

$$= \begin{bmatrix} G_{11}(s) & G_{12}(s) \\ G_{21}(s) & G_{22}(s) \end{bmatrix}^{-1} \begin{bmatrix} 1 & 0 \\ 0 & 1 \end{bmatrix}$$

$$= \frac{1}{G_{11}(s)G_{22}(s) - G_{12}(s)G_{21}(s)} \begin{bmatrix} G_{22}(s) & -G_{12}(s) \\ -G_{21}(s) & G_{11}(s) \end{bmatrix}$$

四、实验步骤

实例：纯原料量与含水量是影响混凝土快干性和强度的两个因素。系统输入控制量为纯原料量和含水量，系统输出量为混凝土的快干性和强度，采用对角矩阵解耦方法对该系统进行控制仿真。设某双输入双输出系统，初步选择输入 x_1，x_2 分别对应输出 y_1，y_2。系统输入、输出之间的传递函数为：

$$\begin{bmatrix} Y_1(s) \\ Y_2(s) \end{bmatrix} = \begin{bmatrix} \dfrac{11}{7s+1} & \dfrac{0.5}{3s+1} \\ \dfrac{-3}{11s+1} & \dfrac{0.3}{5s+1} \end{bmatrix} \begin{bmatrix} X_1(s) \\ X_2(s) \end{bmatrix}$$

（1）求系统相对增益以及系统耦合分析。

由上式系统静态放大系数矩阵为：

$$\begin{bmatrix} k_{11} & k_{12} \\ k_{21} & k_{22} \end{bmatrix} = \begin{bmatrix} 11 & 0.5 \\ -3 & 0.3 \end{bmatrix}$$

即系统的第一放大系数矩阵为：

$$P = \begin{bmatrix} p_{11} & p_{12} \\ p_{21} & p_{22} \end{bmatrix} = \begin{bmatrix} k_{11} & k_{12} \\ k_{21} & k_{22} \end{bmatrix} = \begin{bmatrix} 11 & 0.5 \\ -3 & 0.3 \end{bmatrix}$$

系统的相对增益矩阵为:

$$\Lambda = \begin{bmatrix} 0.69 & 0.31 \\ 0.31 & 0.69 \end{bmatrix}$$

由相对增益矩阵可以看出,控制系统输入、输出的配对选择正确;通道间存在较强的相互耦合,应对系统进行解耦分析。

(2)确定解耦调节器。

根据系统输入输出之间的传递函数式求解对角矩阵,即

$$\begin{bmatrix} G_{p11}(s) & G_{p12}(s) \\ G_{p21}(s) & G_{p22}(s) \end{bmatrix}$$

$$= \frac{1}{G_{p11}(s)G_{p22}(s) - G_{p12}(s)G_{p21}(s)} \begin{bmatrix} G_{11}(s)G_{22}(s) & -G_{12}(s)G_{22}(s) \\ -G_{11}(s)G_{21}(s) & G_{11}(s)G_{22}(s) \end{bmatrix}$$

$$= \frac{1}{161.4s^2 + 64.2s + 4.8} \begin{bmatrix} 108.9s^2 + 46.2s + 3.3 & -11.55s^2 - 2.7s - 0.15 \\ 495s^2 + 264s + 33 & 108.9s^2 + 46.2s + 3.3 \end{bmatrix}$$

图 4.43 (a)、(b)、(c)分别表示不存在耦合、存在耦合、系统解耦后的仿真框图,系统阶跃仿真结果如图 4.44 所示。

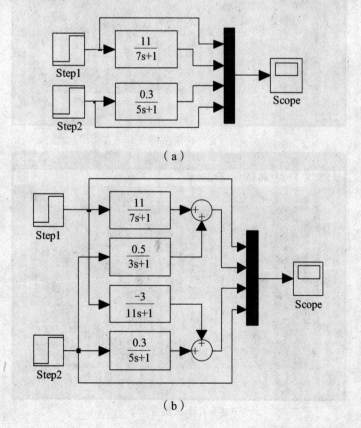

(a)

(b)

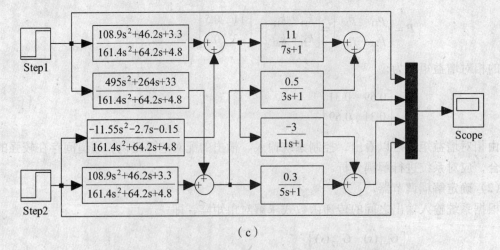

（c）

图 4.43　系统解耦状态对比 Simulink 仿真框图

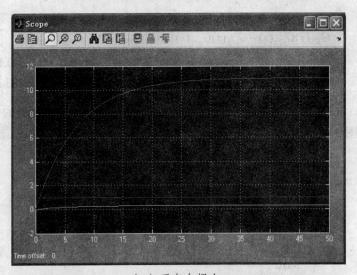

（a）不存在耦合

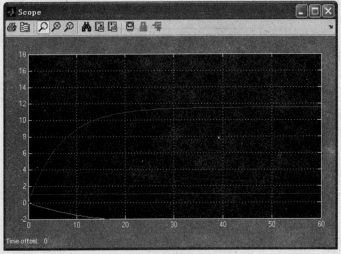

（b）存在耦合时

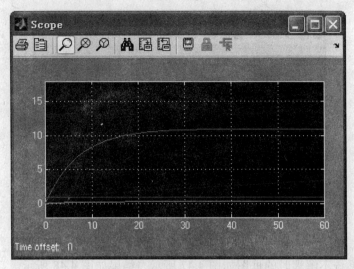

（c）对角矩阵解耦后

图 4.44　图 4.43 的仿真结果

对比图 4.44（a），（b），（c）可知，本系统的耦合影响主要体现在幅值变化和响应速度上，但影响不显著，不进行解耦，通过闭环控制仍有可能获得要求的品质。对比图 4.44（a）和图（c）可知，采用前馈解耦器后系统的响应和不存在耦合结果相似。

（3）控制器新方式选择与参数整定。

通过前馈补偿解耦，原系统已可看成两个独立的单输入单输出系统。考虑到 PID 应用的广泛性和无余差要求，控制器系数采用 PI 形式，PI 参数整定通过解耦的两个单输入输出系统进行。参考值：x_1y_1 通道 $K_P=15$，$K_I=2$；x_2y_2 通道 $K_P=35$，$K_I=5$。

（4）系统仿真。

采取对角矩阵解耦时，控制系统的仿真框图如图 4.45 所示，结果如图 4.46 所示。

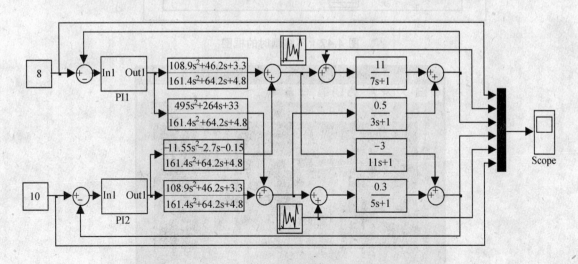

图 4.45　对角矩阵解耦框图

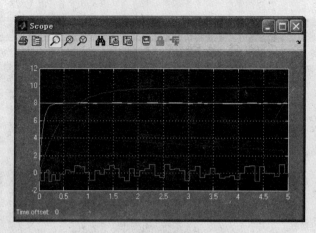

图 4.46　对角矩阵解耦仿真结果

作为对比，系统不解耦时的框图如图 4.47 所示，结果如图 4.48 所示。

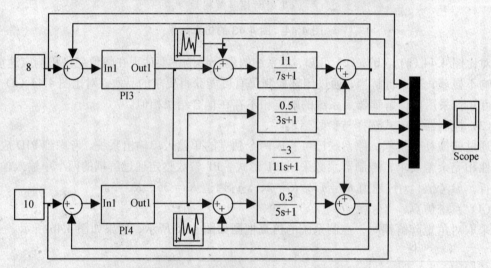

图 4.47　不解耦时的框图

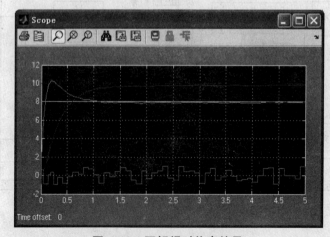

图 4.48　不解耦时仿真结果

　　由图 4.46，图 4.48 可知，系统解耦后系统的动态响应有一定改善，但改善不大，这是由于耦合较弱所致。因此当要求不高时，系统可以不采取解耦措施。

五、思考题

（1）保持各环节传递函数不变，适当变化解耦控制器，观察控制效果。

（2）适当改变一个环节的传递函数，再求解耦控制器，并观察控制效果。

实验 7 精馏过程温度串级控制系统仿真实验

一、实验目的

（1）熟悉精馏过程控制的基本原理和策略。
（2）比较精馏塔单回路控制和串级控制效果。
（3）熟悉控制器参数对控制效果的影响。

二、软件配置

Windows XP 操作系统、MATLAB 7.0。

三、实验原理

精馏是在炼油、化工等众多生产过程中广泛应用的一个传质过程。精馏过程通过反复的汽化与冷凝，使混合物料中的各组分分离，分别达到规定的纯度。精馏塔的控制直接影响产品质量、产量和能量消耗，因此精馏塔的自动控制问题长期以来一直受到人们的高度重视。

图 4.49 是精馏塔塔釜温度串级控制系统，通过这套串级控制系统，在塔釜温度稳定不变时，蒸汽流量能保持恒定值；而当温度在外来干扰作用下偏离给定值时，又要求蒸汽流量能作相应的变化，以使能量的需要与供给之间得到平衡，从而保持釜温在要求的数值上。其中，选择的副变量就是操纵变量（加热蒸汽量）本身。这样，当干扰来自蒸汽压力或流量的波动时，副回路能及时加以克服，以大大减少这种干扰对主变量的影响，使塔釜温度的控制质量得以提高。图 4.50 为串级控制系统典型方框图。

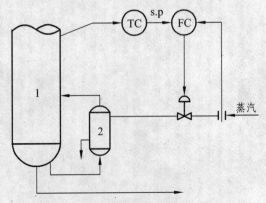

图 4.49 精馏塔塔釜温度串级控制系统

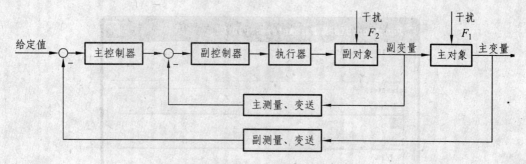

图 4.50　串级控制系统典型方块图

四、实验步骤

在该控制系统中，假设主、副对象的传递函数 G_{o1}, G_{o2} 分别为：

$$\begin{cases} G_{o1}(s) = \dfrac{1}{(30s+1)(3s+1)} \\ G_{o2}(s) = \dfrac{1}{(10s+1)(s+1)^2} \end{cases}$$

本实验分别采用单回路控制和串级控制设计主、副 PID 控制器的参数，并给出整定后系统阶跃响应的特性响应曲线和阶跃扰动的响应曲线，并说明不同控制方案对系统的影响。

本实验的基本步骤如下：

（1）首先建立如图 4.51 所示的单回路控制 Simulink 模型。其中，q_1 为一次扰动，取阶跃信号；q_2 为二次扰动，取阶跃信号；G_{o2} 为副对象；G_{o1} 为主对象；r 为系统输入，取阶跃信号；c 为系统输出，连接到示波器上，可以方便地观测输出。

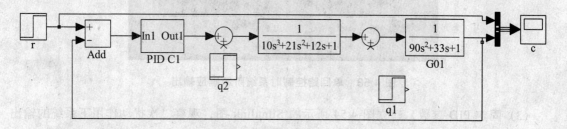

图 4.51　单回路控制 Simulink 图

PID C_1 为单回路 PID 控制器，是按 PID 原理建立的子模块，其参数设置如图 4.52 所示，其中的"Proportional""Integral""Derivative"分别表示 PID 的比例、积分、微分参数（P+I/s+Ds）。

（2）在图 4.52 的 PID 参数设置中，不断地改变各个参数，观察系统阶跃响应（参考：当输入比例参数为 3.7，积分参数为 38，微分系数为 0 时，系统阶跃响应达到比较满意的效果，系统阶跃响应如图 4.53）所示。

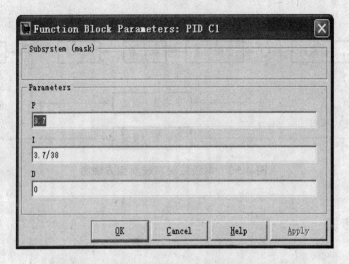

图 4.52　Simulink 图中 PID 子模块参数设置

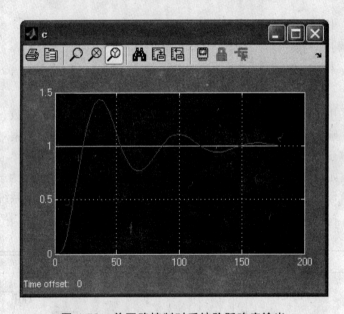

图 4.53　单回路控制时系统阶跃响应输出

（3）固定 PID 参数，建立图 4.54 所示的 Simulink 图，观察二次扰动作用下系统的输出响应（图 4.55）。

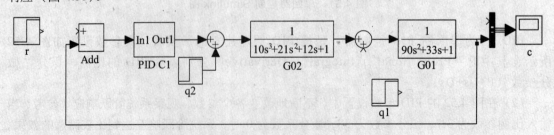

图 4.54　单回路控制时二次扰动 Simulink 图

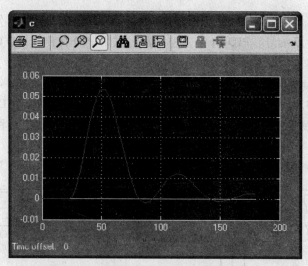

图 4.55 单回路控制时二次扰动系统的输出响应

（4）固定 PID 参数，建立图 4.56 所示的 Simulink 图，观察一次扰动作用下系统的输出响应（图 4.57），并和二次扰动作用下系统的输出响应比较。采用单回路控制，系统的阶跃响应达到要求时，系统对一次扰动、二次扰动的抑制效果不是很好。

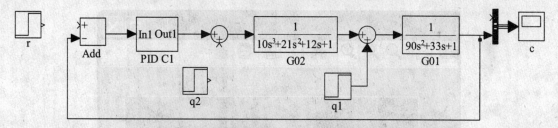

图 4.56 单回路控制时一次扰动 Simulink 图

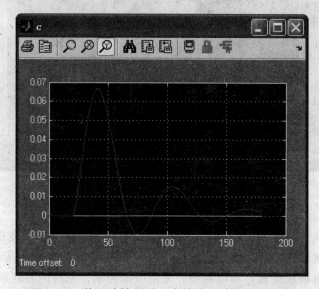

图 4.57 单回路控制时一次扰动系统的输出响应

(5) 建立如图 4.58 所示的串级控制时的 Simulink 模型图。q_1 为一次扰动, 取阶跃信号; q_2 为二次扰动, 取阶跃信号; PID C_1 为主控制器, 采用 PID 控制; PID C_2 为副控制器, 采用 PID 控制; G_{o2} 为副对象; G_{o1} 为主对象; r 为系统输入, 取阶跃信号; c 为系统输出, 连接到示波器上, 可以方便地观测输出。试验不同控制器参数组合产生的系统响应。当主控制器 PID C_1 输入比例系数为 8.4、积分系数为 12.8, 微分系数为 0, 副控制器 PID C_2 比例系数为 10, 积分系数为 0, 微分系数为 0 时, 系统阶跃响应达到比较满意的效果 (和单回路比较), 如图 4.59 所示。

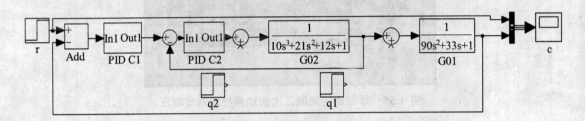

图 4.58　串级控制时的 Simulink 模型图

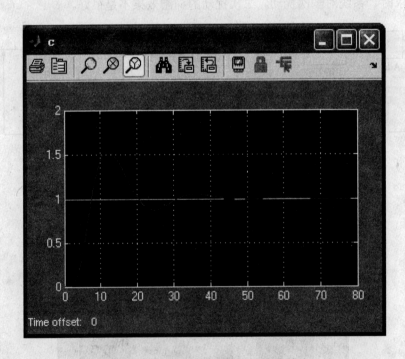

图 4.59　串级控制时系统阶跃响应输出

(6) 固定主、副控制器 PID 参数, 采用类似 (3)(4) 步的方法改变图 4.58 的信号连接, 观察在一次、二次扰动作用下, 系统的输出响应 (如图 4.60、图 4.61 所示), 并和单回路控制作用下系统的输出响应比较。可以看出, 采用串级控制, 系统的阶跃响应达到要求时, 系统对一次扰动、二次扰动的抑制也能达到很好的效果。

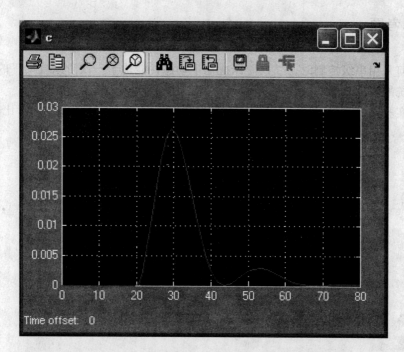

图 4.60 串级控制时一次扰动系统的输出响应

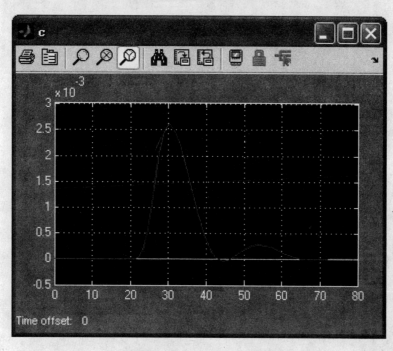

图 4.61 串级控制时二次扰动系统的输出响应

（7）采用列表的形式总结单回路控制和串级控制的衰减比、调节时间、余差，一二次阶跃扰动下的系统最大偏差等指标。

五、思考题

（1）为何采用串级控制时，二次阶跃扰动下动态性能优于一次阶跃扰动下的动态性能？

（2）系统的输入阶跃响应和扰动阶跃响应有何不同？

（3）将实验中的几种输出响应导入 MATLAB 工作空间，在同一图中进行比较。

实验 8　造纸废水处理软测量技术应用仿真实验

一、实验目的

（1）掌握软测量技术的基本原理。
（2）初步掌握建立软测量模型的神经网络法。

二、软件配置

Windows XP 操作系统、MATLAB 7.0。

三、实验原理

　　随着现代工业过程对控制、计量、节能增效和运行可靠性等要求的不断提高，各种测量要求也日益增多。现代过程检测的内涵和外延较之以往均有较大的深化和拓展。一方面，仅获取流量、温度、压力和液位等常规过程参数的测量信息已不能满足工业操作和控制的要求，需要获取诸如成分、物性等与过程操作和控制密切相关的检测参数的测量信息。同时对于复杂的大型工业过程，还需获取反映过程二维/三维的时空分布信息。另一方面，仪表测量的精度要求越来越高，测量从静态向动态发展，许多应用场合还需综合运用所获得的各种过程测量信息，才能实现有效的过程控制、生产过程或测量系统进行故障诊断、状态检测等。

　　解决工业过程的测量要求通常有两条途径：一是沿袭传统的检测技术发展思路，通过研制新型的过程测量仪表，以硬件形式实现过程参数的直接在线测量；另一种就是采用间接测量的思路，利用易于获取的其他测量信息，通过计算来实现被检测量的估计，近年来在过程控制和检测领域涌现出的一种新技术——软测量技术（Soft-measurement）——正是这一思想的集中体现。由于计算机技术的发展，使得采用软测量技术对一些工业生产过程的测量成为可能。软测量是过程监测、控制、管理和优化等领域中一项重要技术。软测量技术的基本点是根据某种最优准则，选择一组既与被估计变量（称为主导变量）有密切联系又容易测量的变量（称为辅助变量），通过构造某种数学关系，用计算机实现对主导变量的估计。通常，主导变量由于技术或是经济上的原因，很难通过传感器进行测量，但同时又是需要加以严格控制的，与产品质量密切相关的重要参数。

　　软测量技术主要包括辅助变量的选取、数据处理、软测量模型的建立、软测量模型的在线校正四个方面的内容。其中，软测量建模方法的研究是软测量技术研究的核心问题。图 4.62 给出软测量基本原理示意，Y 为主导变量、Y' 为估计值（软测量模型输出）、Y^* 为离线分析值

（参考值），d_1、d_2 为不可测干扰和可测干扰，将可测干扰、控制输入、辅助变量作为输入，离线分析值作为输出，可建立软测量模型。

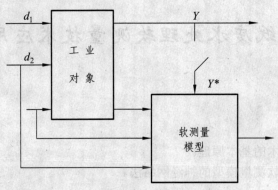

图 4.62　软测量基本原理示意图

在造纸废水处理过程中，进水流量、进水 COD 以及加药量等因素直接关系到出水水质的好坏；另外，由于目前大多造纸厂采用人工操作控制，操作误差、测量滞后等原因，也造成出水水质的不稳定、故障频发等问题。废水处理过程具有复杂性、非线性、时变性、不确定性等特点。人工神经网络以其具有自学习、自组织、自适应以及良好的非线性映射等能力，特别适合复杂非线性系统的建模与控制，其中目前广泛应用的 BP 网络和 RBF 网络以其各自的优点，成为软测量的常用建模方法。本实验在造纸废水处理一体化系统中取得表征废水处理指标的基础上，通过 BP 网络和 RBF 网络实现对出水 COD 的预测仿真，考察这两种网络对造纸废水处理的适应性，为更好地有效实现造纸废水处理的自动控制提供可行途径。

废水处理工艺流程如图 4.63 所示。调节池的废水与絮凝剂 PAC（5%聚合氯化铝）混合后经水泵打入高效一体化反应器，在里面发生反应、沉淀、过滤和澄清等作用，完成泥水分离，处理水从反应器顶流出，污泥通过反应器底部排泥阀排出。

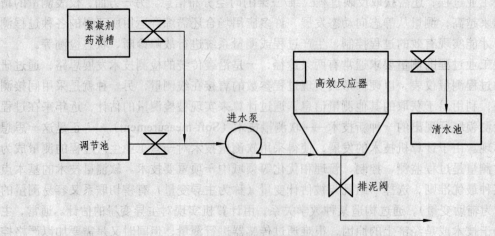

图 4.63　废水处理工艺流程

为采用自动检测控制方法代替手工操作，完成水质的在线检测以及加药量的自动控制，其监测系统如图 4.64 所示。COD 分析仪自动检测原水和出水 COD 值，检测频率通过 PLC

控制电磁阀实现,COD 值经过 ADAM4017+模块转换成数字信号,显示在安装于 IPC 的 MCGS 组态软件中;进水量和加药量通过 ADAM4024 模块输出电压控制蠕动泵和直流泵的工作电压以改变流量来实现;高效反应器中的污泥用泥位计实时监测,再结合 PLC 控制电磁阀使反应器中的污泥维持在一定高度。

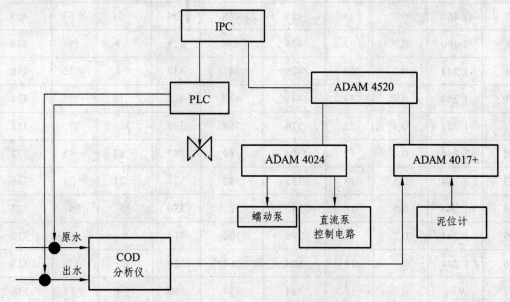

图 4.64　废水处理监控系统框图

对于本实验的检测系统,可采用人工神经网络预测出水 COD 的动态变化,首先根据废水处理系统的输入输出数据建立样本集。在学习过程中把样本集中的数据输入神经网络,根据样本的输入值计算出网络的输出值,计算样本输出与网络输出的差值,根据计算的差值由梯度下降法调整网络的权矩阵,重复上述过程,直到整个样本集的误差不超过规定范围,学习即结束。经过训练后的网络模型相当于实际废水处理系统的近似模型,如果通过采集模块实际系统的进水各水质指标并输入网络,得到的网络输出就近似等于对应于各水质指标的实际系统出水 COD。基于这样的原理,可对未来时刻的出水 COD 进行预测,其中网络输入为与未来时刻出水 COD 有关的因素,网络输出为未来时刻的出水 COD,以期通过预测得到当前时刻的加药量。

表 4.4　训练模型的样本

序号	$x(t)$	$u(t)$	$v(t)$	$y(t-2\Delta t)$	$y(t-\Delta t)$	$y(t)$	y'	y''	期望输出
1	1 400	0.2	12	515	489	461	-28	-2	454
2	1 400	0.2	12	489	461	454	-7	-107	491
3	1 400	0.4	14	499	525	484	-41	-67	471
4	1 400	0.4	14	525	484	471	-13	28	512
5	1 400	0.5	16	504	478	495	17	43	483

续表 4.4

序号	$x(t)$	$u(t)$	$v(t)$	$y(t-2\Delta t)$	$y(t-\Delta t)$	$y(t)$	y'	y''	期望输出
6	1 400	0.5	16	478	495	483	-12	-29	465
7	1 400	0.7	18	419	458	434	-24	-63	425
8	1 400	0.7	18	458	434	425	-9	15	449
9	1 244	0.2	14	429	441	437	-4	-16	418
10	1 244	0.2	14	441	437	418	-19	-15	424
11	1 244	0.4	12	374	368	399	31	37	382
12	1 244	0.4	12	368	399	382	-17	-48	377
13	1 244	0.5	18	335	342	321	-21	-28	336
14	1 244	0.5	18	342	321	336	15	36	327
15	1 244	0.7	16	298	306	314	8	0	320
16	1 244	0.7	16	306	314	320	6	-2	323
17	979	0.2	16	344	354	350	-4	-14	338
18	979	0.2	16	354	350	338	-12	-8	340
19	979	0.4	18	281	298	284	-14	-31	279
20	979	0.4	18	298	284	279	-5	9	268
21	979	0.5	12	245	222	237	15	38	215
22	979	0.5	12	222	237	215	-22	-37	208
23	979	0.7	14	311	334	323	-11	-34	328
24	979	0.7	14	334	323	328	5	16	319
25	648	0.2	18	302	316	296	-20	-34	279
26	648	0.2	18	316	296	279	-17	3	287
27	648	0.4	16	275	294	288	-6	-25	281
28	648	0.4	16	294	288	281	-7	-1	273
29	648	0.5	14	237	258	245	-13	-34	250
30	648	0.5	14	258	245	250	5	18	240
31	648	0.7	12	197	215	209	-6	-24	201
32	648	0.7	12	215	209	201	-8	-2	193

四、实验步骤

1. 训练样本的产生

建立软件测量模型之前必须先获得必要的样本（数据），假设考虑进水量、进水 COD 和加药量 3 个因素，每个因素取 4 个水平，通过正交实验 L16 (45)，以自动监控系统完成各个水质指标的采集和加药量的自动加入，剔除 MCGS 数据库中奇异数据后，用于网络训练和测试的数据如表 4.4 所示。其中 $x(t)$，$u(t)$，$v(t)$ 和 $y(t)$ 分别表示 t 时刻的进水 COD（mg/L）、加药量（mL/s）、进水量（mL/s）、和出水 COD（mg/L），$y(t-2\Delta t)$ 和 $y(t-\Delta t)$ 分别表示 $t-2\Delta t$ 和 $t-\Delta t$ 时刻的出水 COD（mg/L），此处 Δt 为 2h；y' 和 y'' 分别表示出水 COD 在 $t-\Delta t$ 时刻的一二阶导数，

$$y' = y(t) - y(t-\Delta t)$$
$$y'' = y(t) - 2y(t-\Delta t) + y(t-2\Delta t)$$

2. 神经网络结构的确立

神经网络模型的预测能力可以从优化网络本身来加以改善，也可从提高学习样本的质量和对学习样本的处理方面加以考虑。时滞系统的未来响应特性与系统当前时刻的状态有关，与当前及过去时刻系统的状态变化趋势有关。理论与实验表明，含有足够多节点的单隐含层的 BP 网络可以逼近任意非线性函数，故本实验采用三层 BP 神经网络模型，输入层神经元数等于软测量模型输入变量数（本实验系统水力停留时间约为 2 h，若将该时滞系统出水 COD 在 $t-\Delta t$ 时刻的一阶和二价导数（y' 和 y''）也作为网络的输入量，则输入变量数为 8，否则为6）。隐含层的神经元固定为 8（可优化，但此处影响不大），输出层为一个节点，代表 $t+\Delta t$ 时刻的预测出水 COD。

3. 训练和检验软测量模型

在确定了 BP 网络结构后，可对网络进行训练。首先将样本数据归一化到区间[0, 1]之间，以消除各指标的数量级差别，防止部分神经元达到饱和状态，并把第 5、10、15、20、25 和30 组数据作为测试集，以检测训练后的网络预测效果，其余组数据组成训练集，用于训练网络。首先用不含 y' 和 y'' 的训练集训练，5 次即收敛，如图 4.65 所示，训练后对 32 个样本的预测情况见图 4.66，通过还原 COD 取值范围，得到图 4.67。特别指出的是，仿真输出曲线分为两部分，第 5，10，15，20，25 和 30 采样为第一部分，其余采样为第二部分。可以看出，两部分的仿真输出曲线几乎和实际曲线重合，网络模型很好地"记住"了样本包含的信息，表明模型的学习能力很强；相应的平均相对误差[（网络模型预测－期望输出 COD）/期望输出 COD]为 1.94%。然后，用含 y' 和 y'' 的训练集训练网络，3 次后收敛，如图 4.68 所示，训练后对 32 个样本的预测情况见图 4.69，通过还原 COD 取值范围，得到图 4.70，平均相对误差＝1.31%。可见，加入另两个辅助变量（y' 和 y''）使网络的预测能力有所提高，出水 COD

除了与进水量、进水 COD、加药量和历史出水 COD 有关外，还与出水 COD 的变化趋势有一定关系。

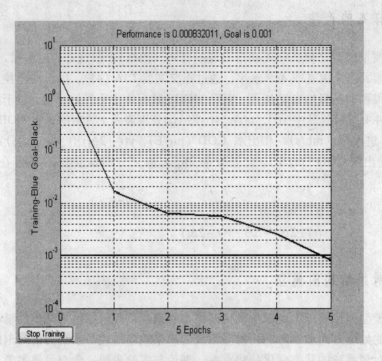

图 4.65　训练过程（不含导数输入）

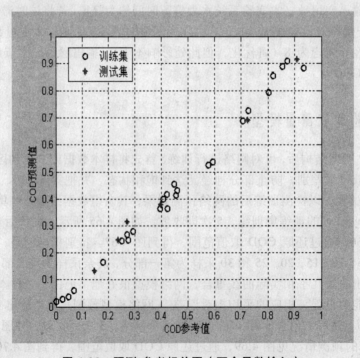

图 4.66　预测-参考相关图（不含导数输入）

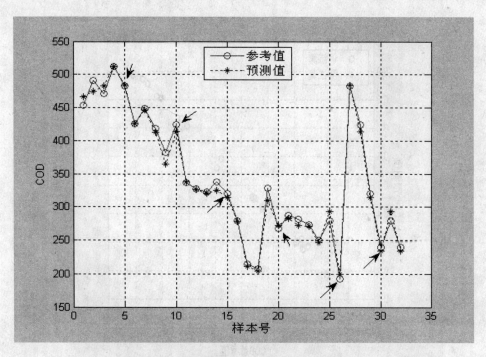

图 4.67 网络预测能力（不含导数输入）

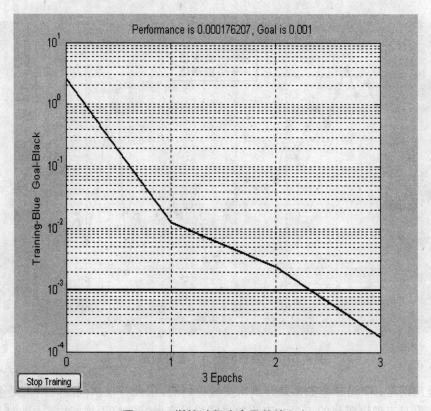

图 4.68 训练过程（含导数输入）

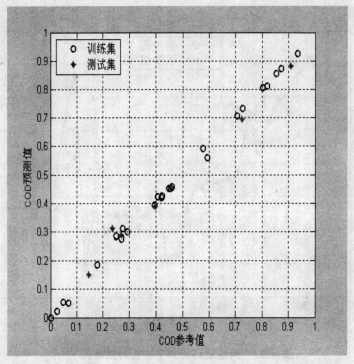

图 4.69 预测-参考相关图（含导数输入）

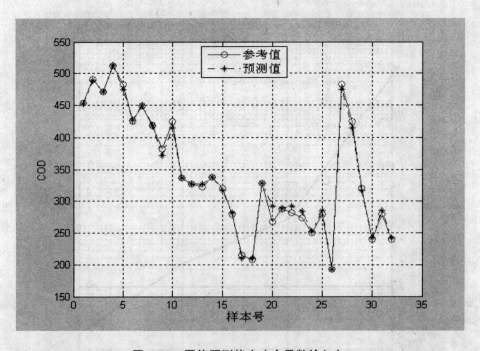

图 4.70 网络预测能力（含导数输入）

值得提出的是，32 组样本数据是分批次实验得到的，因此各批次间在时间上是不连续的，但在仿真上没有表现出明显的差异，表明神经网络具有很好的抗干扰能力；同时 5 组测试数据并未参加网络训练，仍能得到较好的输出，说明网络具有很好的泛化能力。

另外，在测试数据仿真误差较大的点，观察可以看出其相对于训练样本空间的分布较稀疏，即训练样本空间未能完全包含各种可能的系统信息，网络在其周围未能得到充分的训练。因此，如何得到足够的训练样本以及如何选择训练样本，避免欠拟合问题和过拟合问题，是需要注意的重要问题。将表 4.4 的数据导入 MATLAB 工作空间定义为 data 矩阵，再应用如下的参考代码，可进行以上仿真。

参考代码：

```
dataX = data(:,[1:8]);%不考虑 y',y"
dataX = (dataX-(ones(32,1*min(dataX))))./(ones(32,1)*(max(dataX)-min(dataX)));
dataY0 = data(:,9);
dataY = (dataY0-(ones(32,1)*min(dataY0)))./(ones(32,1)*(max(dataY0)-min(dataY0)));
ind = 1:32;
ind([5 10 15 20 25 30]) = [];
tst_X = dataX([5 10 15 20 25 30],:)';
tst_Y = dataY([5 10 15 20 25 30])';
trn_X = dataX(ind,:)';
trn_Y = dataY(ind)';
net = newff(minmax(dataX'),[8,1],{'tansig','purelin'},'trainlm');
net.trainParam.epochs = 500;
net.trainParam.goal = 0.001;
net = train(net,trn_X,trn_Y);
trn_YP = sim(net,trn_X);
tst_YP = sim(net,tst_X);


figure(2)
plot(trn_Y,trn_YP,'o',tst_Y,tst_YP,'*');
xlabel('COD 参考值');
ylabel('COD 预测值');
legend('训练集','测试集');
grid on;
axis([0 1 0 1]);


figure(3)
indd = [1:4 27 6:9 28 11:14 29 16:19 30 21:24 31 26:29 32 31:32];
YY = [trn_Y tst_Y];
range = max(dataY0)-min(dataY0);%出水 COD 范围
YY = YY.*(ones(1,32)*range)+ones(1,32)*min(dataY0);%还原 COD 范围
YY = YY(indd);
YYP = [trn_YP tst_YP];
```

YYP＝YYP.*(ones(1,32)*range)+ones(1,32)*min(dataY0);%还原 COD 范围

YYP＝YYP(indd);

plot(1:32,YY,'r-o',1:32,YYP,'b-.*');

xlabel('样本号');

ylabel('COD');

legend('参考值','预测值');

grid on;

ARE＝mean(abs((YY-YYP)./(ones(1,32)*mean(YY))))

五、思考题

（1）不同次运行 BP 网络训练程序，结果是否相同？原因是什么？

（2）为何要将样本数据分为两部分？在实践中有何意义？

（3）将训练模型的输入变量再次减少到 6 以下，并修改和运行程序，观察有什么结果出现。

参考文献

[1] 厉玉鸣. 化工仪表及自动化[M]. 4 版. 北京：化学工业出版社，2006.

[2] 杨丽明. 化工自动化及仪表（工艺类）[M]. 北京：化学工业出版社，2004.

[3] 俞金寿. 过程自动化及仪表[M]. 北京：化学工业出版社，2003.

[4] 凌志浩. DCS 与现场总线控制系统[M]. 上海：华东理工大学出版社，2008.

[5] 张岳. 集散控制系统及现场总线[M]. 北京：机械工业出版社，2006.

[6] 黄先德. 化工过程先进控制[M]. 北京：化学工业出版社，2006.

[7] 王树青. 先进控制技术应用实例[M]. 北京：化学工业出版社，2005.

[8] 韩兵. 现场总线系统监控与组态软件[M]. 北京：化学工业出版社，2008.

[9] 张文明. 组态软件控制技术[M]. 北京：北京交通大学出版社，2006.

[10] 郭阳宽，王正林. 过程控制工程及仿真——基于 MATLAB/Simulink[M]. 北京：电子工业出版社，2009.

[11] 孙详，徐流美，吴清，等. MATLAB7.0 基础教程[M]. 北京：清华大学出版社，2005.

[12] 吴晓燕，张双选. MATLAB 在自动控制中的应用[M]. 西安：西安电子科技大学出版社，2006.

[13] 俞金寿，蒋慰孙. 过程控制工程[M]. 3 版. 北京：电子工业出版社，2007.

[14] 孙世海，刘兆明. pH 控制——酸/氨比值控制系统在硝酸铵中和反应中的应用[J]. 石油化工自动化，2001(5)：25-26.

[15] 谭超. 基于支持向量机的软测量技术及其应用[J]. 传感器技术，2005，24(8)：77-79.

[16] 黄明护，马邕文，万金泉，等. 人工神经网络用于造纸废水处理建模的研究[J]. 广西轻工业，2006，5：22-24.

[17] SHINKEY F G.过程控制系统——应用、设计与整定[M]. 萧德云，吕伯明，译. 北京：清华大学出版社，2004.

[18] 李辉. S7-200PLC 编程原理与工程实训[M]. 北京：北京航空航天大学出版社，2008.